碗窑水库加固改造工程管理与技术创新

毛山海　著

中国水利水电出版社
www.waterpub.com.cn
·北京·

内 容 提 要

本书共6章，内容结合碗窑水库加固改造工程的建设实际，从总结工程中所应用的一系列创新理念与技术入手，着眼于推动水利工程建设事业发展。本书主要内容包括碗窑水库工程基本情况和存在的问题，碗窑水库加固改造工程建设管理创新举措，以及在设计、施工、质检方面的创新实践。

本书可供从事水利相关工作的建设、设计、施工、质检部门的管理和科研人员参阅使用，也可作为水利专业技术人员和高等院校师生的参考用书。

图书在版编目（CIP）数据

碗窑水库加固改造工程管理与技术创新 / 毛山海著. -- 北京 : 中国水利水电出版社，2021.12
ISBN 978-7-5226-0418-3

Ⅰ. ①碗… Ⅱ. ①毛… Ⅲ. ①水库－加固－研究－江山②水库－改造－研究－江山 Ⅳ. ①TV698.2

中国版本图书馆CIP数据核字(2022)第002121号

书　　名	**碗窑水库加固改造工程管理与技术创新** WANYAO SHUIKU JIAGU GAIZAO GONGCHENG GUANLI YU JISHU CHUANGXIN
作　　者	毛山海　著
出版发行	中国水利水电出版社 （北京市海淀区玉渊潭南路1号D座　100038） 网址：www.waterpub.com.cn E-mail：sales@waterpub.com.cn 电话：（010）68367658（营销中心）
经　　售	北京科水图书销售中心（零售） 电话：（010）88383994、63202643、68545874 全国各地新华书店和相关出版物销售网点
排　　版	中国水利水电出版社微机排版中心
印　　刷	北京中献拓方科技发展有限公司
规　　格	170mm×240mm　16开本　6印张　118千字
版　　次	2021年12月第1版　2021年12月第1次印刷
定　　价	**35.00**元

《碗窑水库加固改造工程管理与技术创新》编撰委员会

组织单位： 江山市碗窑水库管理中心、浙江省围海建设集团股份有限公司、上海蛟龙海洋工程有限公司、浙江省水利水电工程质量与安全管理中心、浙江省水利水电勘测设计院、浙江省水利水电建筑监理有限公司

前 言

浙江省江山市碗窑水库建造于20世纪90年代，是大（2）型水利工程。碗窑水库大坝为浙江省第一座碾压混凝土坝，水库经过20多年运行后，逐渐暴露出一些问题，最主要的是外坝坡及廊道内的渗漏水问题。1999—2006年，针对上游防渗面板裂缝、廊道扬压力观测孔渗漏、坝体无砂排水管渗水等问题，进行过数次处理，但效果均不甚理想；2009—2012年，对大坝进行了安全鉴定，鉴定结论为二类坝。江山市碗窑水库管理局（2019年11月更名为江山市碗窑水库管理中心）随后开展了一系列的前期工作。拦河主坝加固方案经过多个方案的论证比选后，最终确定了在不放空水库的情况下新建上游防渗面板＋坝体坝基补强灌浆＋下游坝面处理的方案。《江山市碗窑水库加固改造工程初步设计报告》编制完成后，由浙江省水利水电技术咨询中心进行咨询、浙江省水利厅进行审查并批复。

碗窑水库加固改造工程是浙江省重大水利项目、衢州市“十项百亿防洪排涝工程”、江山市重点实施项目。受碗窑水库的历史、结构原因和现实需求等多方面因素的影响，工程建设过程中遇到了许多新问题和难问题，如大体积高水深的水下混凝土防渗面板如何进行施工和质量控制，坝体碾压混凝土灌浆参数和工艺如何确定，高陡坝坡彩色压模如何施工等。这些问题的相关技术在以往的高坝施工中未曾应用过，没有成功的经验可以参考，甚至在水利工程设计和施工规范中也没有相应的标准，碗窑水库加固改造工程实际上承担了实现新设计、创新新技术的任务。

本书研究总结了碗窑水库加固改造工程的建设经验，从破解工程建设中碰到的各种难题出发，介绍了从建设管理到设计、施工、质检各方面的创新理念、创新技术、创新工艺、创新方法。建设管理方面涉及了招投标管理及施工管理，对水上水下施工单位选择、水上水下施工分工及协作进行了严格控制和动态管理；设计方面在上游防渗面板加固、坝体补强灌浆、下游坝坡加固等方面进行了创新设计；施工方面在水下施工工艺、补强灌浆工艺、彩色压模工艺等方面进行了试验、摸索和创新；质检方面在水下视频检查、水下锚筋拉拔、各种检查方法和标准等方面研究确定了一些新方法、新指标。

经过工程各参建单位齐心协力、攻坚克难，碗窑水库加固改造工程创造了浙江省三个“首例”，即全国最大规模、浙江省首例大坝水下防渗面板混凝土浇筑，全国首次、浙江省首例在高坝坝坡应用彩色印压模混凝土，浙江省首例碾压混凝土坝体补强灌浆。这些经验和技术凝聚了碗窑水库加固改造工程参建各方的智慧和心血，在水利工程建设中具有很强的推广和实用价值，必将对我国水利事业的发展作出一定的贡献，从而推动我国水利事业不断向前发展。

本书在编写过程中，参考了一些相关资料，在此对其作者表示衷心的感谢。

本书在编写过程中得到了工程参建单位浙江省围海建设集团股份有限公司、上海蛟龙海洋工程有限公司、浙江省水利水电建筑监理有限公司、浙江省水利水电勘测设计院、江苏禹衡工程质量检测有限公司和工程质量监督单位浙江省水利水电工程质量与安全管理中心的支持与帮助，在此表示感谢。

限于编者水平，书中存在疏漏和不足之处，望读者批评指正。

作者

2021 年 2 月

目　录

第1章 水库概述

1.1 水库建筑物

碗窑水库位于浙江省江山市碗窑乡碗窑村上游约600m的峡谷地段。大坝建在钱塘江源头—江山港支流的达河溪上，坝址位于碗窑村，距江山市城区10km，是一座以灌溉为主，结合供水、发电、防洪等综合利用的大（2）型水利工程，也是浙江省金衢盆地农业生产总体规划的重大开发项目。碗窑水库设计灌溉面积32.1万亩，设计向江山市市区日供水10万t，坝后水电站装机容量1.26万kW（2×6300kW），多年平均年发电量3074万kW·h，10年一遇洪水控制最大下泄流量350m^3/s，极大地减轻了下游沿河两岸的洪涝灾害。

碗窑水库为多年调节水库，总库容2.23亿m^3，正常蓄水位194.24m（参照1985国家高程基准，下同），相应的正常库容2.08亿m^3。水库枢纽工程由拦河主坝、右岸副坝、坝后水电站等建筑物组成。为增加碗窑水库的来水量，1997年建成长台溪引水工程，引水面积64km^2，引水渠长1.04km，设计流量20m^3/s，长台溪引水首先流入长安水库，长安水库通过暗涵与长坑弄水库相连，然后经长坑弄水库溢洪道流入碗窑水库。

碗窑水库拦河主坝为碾压混凝土重力坝，坝顶高程196.24m，最大坝高79m，坝顶长390m，宽8.5m。全坝共分11个坝段，其中5号坝段为溢流段，其他为非溢流坝段。溢流坝段长50m，分五孔泄洪闸，孔口尺寸为8m×10m（宽×高），闸底（溢流堰顶）高程186.24m，安装5扇8m×10m露顶弧形钢闸门。6号坝段桩号坝0+208.00、高程143.24m处埋设发电引水钢管，进口设事故闸门一扇，孔口尺寸为3m×3.5m（宽×高）；4号坝段桩号坝0+110.00、高程138.24m处布置直径为1.2m的放水孔一个，出口处设置锥形阀一台，锥形阀前设直径为1.2m的电动检修闸阀一台。

碗窑水库右岸副坝位于拦河主坝右侧约100m的一处山岙内，为细石混凝土砌石坝，坝顶高程196.24m，最大坝高16m，坝顶长125m，坝顶宽6m。

碗窑水库坝后水电站位于河床的右侧，属4级建筑物。水电站采用一管两机的引水方式，总管长约80m，直径3.0m；支管长约11m，直径1.75m。设计正常的发电流量2×13.09m^3/s，设计正常尾水位119.87m。水电站机组由HLA296－LJ－120型水轮机和SF－J6300－12/2600发电机组成，装机高程

121.14m，主厂房地面高程127.64m。

水库枢纽工程于1993年4月开工建设，1996年7月封孔蓄水，1997年底主体工程基本完工。

长台溪引水工程为碗窑水库的二期工程，其从长台溪郭家堰坝引水，经长安水库、长坑弄水库，然后在长坑垄水库副坝（桃树坞坝）右坝头的溢洪道放水至碗窑水库，设计引水流量$20m^3/s$，多年平均年引水量5000万m^3。工程由拦河堰坝、引水渠、输水暗涵（长安水库泄洪设施）、桃树坞溢洪道等组成，引水渠全长1.04km。

长坑垄水库是一座以灌溉为主，兼有过水、发电的小（1）型水库，正常库容462万m^3、总库容528.2万m^3。长坑垄水库由主坝、桃树坞副坝、华峰副坝、输水隧洞、溢洪道，放水涵管等组成。主坝为黏土心墙坝，最大坝高24.17m，坝顶长95m，坝顶宽4m，内坡为预制块护坡，外坡为草皮护坡。主坝左坝头建有输水隧洞，进口设有铸铁方闸门，由螺杆启闭机控制，出口设有ϕ500放空闸阀，主坝右侧设有宽浅式溢洪道。桃树坞副坝为黏土心墙坝，最大坝高14m，坝顶长83m，坝顶宽3m，内坡为预制块护坡，外坡为草皮护坡。华峰副坝为黏土心墙坝，最大坝高11.07m，坝顶长47m，坝顶宽4m，内坡为预制块护坡，外坡为草皮护坡，坝下设有一输水涵管，进口设有铸铁闸门，由螺杆启闭机控制。

长安水库是一座以灌溉为主，兼有过水功能的小（2）型水库，长台溪水经过长安水库后通过泄洪暗渠进入长坑垄水库。长安水库正常库容14.3万m^3、总库容23.1万m^3，水库由主坝、副坝、正槽式泄洪暗渠等组成。主坝为均质坝，最大坝高14.5m，坝顶长70m，坝顶宽4m，内坡为预制块护坡，外坡为草皮护坡，溢洪道为正槽式泄洪暗渠与长坑弄水库相连，溢流堰为无坎宽顶堰，放水涵管位于左坝头，进口设有铸铁闸门，由螺杆启闭机控制。副坝位于长安村，是引水渠的出口段，长150m，采用混凝土挡墙形式。

1.2 水库存在的问题及处理

碗窑水库工程由江山市碗窑水库工程建设指挥部负责组织建设，浙江省水利水电建筑总承包公司（原浙江省水利建设公司）承建枢纽工程中的主体工程，对所承建的项目行使建设单位职能；枢纽工程土建由浙江省正邦水电建设有限公司（原浙江省水电建筑第三工程处）承担，机电设备安装由浙江江能建设有限公司（原浙江省水电设备安装公司）承担；工程管理机构为江山市碗窑水库管理中心（原江山市碗窑水库管理局）。

碗窑水库大坝为浙江省第一座碾压混凝土坝，工程运行初期就暴露出一些

问题，最主要的是外坝坡及廊道内的渗漏水。针对坝体渗漏及碾压混凝土工程的质量问题，1999 年 6 月在浙江省水利厅主持下，召开了“碗窑水库碾压混凝土工程技术咨询会”，邀请了中国水利学会碾压混凝土筑坝专业委员会的 7 名碾压混凝土技术方面的专家参加，专家组对工程的设计、施工、管理提出了 8 条咨询意见。针对碾压混凝土专委会专家提出的 8 条咨询意见，浙江省水利厅及设计、施工、管理单位进行多次研讨，制定了处理方案，并落实了处理措施。

(1) 1999 年 4—5 月，对 U3 扬压力测孔进行截渗灌浆处理，在原坝基主帷幕线上（轴下 4.25m）共布置 8 个灌浆孔。经灌浆后，U3 扬压力观测孔渗水量未明显减少。

(2) 2000 年 2—5 月，对 U3 扬压力观测孔的渗漏问题进行第二次处理，共布置 8 个截渗灌浆孔。经灌浆处理后，仍未有效截断 U3 扬压力观测孔的渗水通道，最终决定对 U3 扬压力观测孔进行封堵灌浆。2000 年 5 月 3 日，封堵灌浆处理后 U3 孔停止冒水，新设扬压力观测孔无明显出水，但其右侧 5 个排水孔出水量比 U3 孔封堵前明显增加，坝体总渗水量比封堵前有所减少。但到 2001 年底，U3 扬压力孔左侧排水孔又开始出水，2003 年 4 月，在高水位及低温的共同作用下，U3 扬压力孔附近的渗漏流量达到 2012mL/s，且下游坝坡的渗水点及出水量也逐渐增多。

(3) 2001 年 4—5 月，施工单位对坝体进行了一次全面的处理：一是对上游坝面进行检查，并对裂缝、冷缝、蜂窝等缺陷进行了相应的处理；二是采用潜水作业的办法对 154.24m 高程检查排水廊道内桩号坝 0＋208.00、坝 0＋211.00 两个坝体无砂管排水孔的大流量渗水，采用水下防渗止水材料和水下防渗施工工艺，直接在漏水的源头—水库上游坝面发电引水钢管进口闸门井内进行水下快速防渗堵漏处理；三是对 2 号、3 号、4 号、5 号、6 号和 9 号坝段进行了碾压混凝土坝体的水泥灌浆处理，累计完成 63 个灌浆孔（总孔长 1488m）、5 个排水孔（总孔长 173m）和 4 个检查孔（总孔长 101m）。经采取上述处理措施后，大坝坝体渗水量有所减少。2003 年 3 月 13 日，库水位 192.39m 时大坝总渗漏量为 988mL/s，但下游坝坡出水点未见明显减少。

(4) 2006 年 5—6 月，江山市碗窑水库管理局从加强坝基排水入手，对 3 号坝段和 9 号坝段原有基础排水孔进行扫孔，并在 U3、U9 扬压力孔附近补打基础排水孔，以减少 U3 扬压力孔附近伸缩缝及下游坝坡的渗水量，降低 U9 扬压力孔的扬压力系数。通过处理，U3 扬压力观测孔附近伸缩缝渗水及 3 号坝段下游坝坡的两个集中渗水点的渗漏量均有所减少，U9 扬压力测孔的压力表读数明显下降，但补打的排水孔出水量较大。

(5) 2009—2012 年组织了碗窑水库大坝安全鉴定，认为碗窑水库目前存在的主要问题如下：

1）主坝碾压混凝土层面存在结合不良部位，防渗面板平整度较差，局部缺陷，骨料离析明显；下游坡渗漏点较多，长期渗漏影响结构耐久性，对结构安全不利；部分扬压力测孔水位时效有增大趋势，坝体、坝基渗流量较大，两岸地下水位较高，绕渗明显。

2）5号闸门两吊点的高度差远超过标准规定值，经加垫片的底部局部调整运行尚属正常，但其属应急处理；启闭控制台无电压、电流指示，电气线路老化。输水系统锥形阀关闭不严，漏水较大，且作为检修闸门，一旦发生故障将无法检修。

3）安全监测设施陈旧落后，且为人工观测，遇极端天气无法实时监测。

4）防汛管理设施陈旧，坝内电梯故障频发，且维修困难。

5）下游泄洪渠两岸堤防为原建设单位修建的临时工程，标准偏低，局部堤段被冲毁。

6）目前的上坝公路为经碗窑大桥从右岸上坝，其设计标准偏低。

7）洪水预报及水库调度自动化系统运行十余年，设备陈旧，信号不稳，需改造。

大坝安全鉴定结论为：该水库防洪安全性为“A”级，大坝强度和稳定满足规范要求，大坝变形和渗流性态基本正常，工程质量合格，运行管理为好；金属结构安全性为“B”级，碗窑水库大坝基本安全，可在加强监控下运行，应属“二类坝”。

第2章 建设管理

大坝安全鉴定后，江山市碗窑水库管理中心（以下称项目法人）随即开始了碗窑水库加固改造的前期工作。2015年6月，江山市政府发布《江山市人民政府关于启动碗窑水库加固改造工程相关前期工作的批复》（江政发〔2015〕33号），同意碗窑水库管理中心自2015年6月开始启动碗窑水库大坝加固改造工程的前期相关工作，并要求确保该工程于2017年开始实施。2016年9月，江山市人民政府发布《江山市人民政府关于同意申报碗窑水库加固改造工程计划的批复》（江政发〔2016〕108号），同意申报碗窑水库加固改造工程计划。

2016年11月，浙江省水利厅下发《浙江省水利厅关于下达2017年全省水库海塘（沿塘水闸）除险加固建设计划的通知》（浙水管〔2016〕49号），将碗窑水库列入2017年除险加固建设计划。

2.1 工程招标管理

2.1.1 资格条件设置

工程招投标制是项目建设三大制度之一，在我国已实施多年。一般来说，工程招标根据《中华人民共和国招标投标法》《中华人民共和国招标投标法实施条例》等法律法规和规章的规定实施，并不会存在太大问题。根据《水利水电工程施工总承包资质标准》的规定：一级资质可承担各类型水利水电工程的施工，二级资质可承担工程规模中型以下水利水电工程和建筑物级别3级以下水工建筑物的施工。碗窑水库为大型工程，应由一级资质水利水电施工总承包单位承担施工。

但是，碗窑水库加固改造工程存在着一个特别之处，大坝防渗面板分为水上施工和水下施工两部分。水上施工为常规施工，水下施工为潜水员水下施工，最大施工深度为40m。据了解，目前国内尚没有一家水利水电施工总承包单位具备潜水水下施工的能力。由此带来一些问题：由谁来承担水下部分的施工？是否可以将工程承包给具有一级资质的水利水电施工总承包单位，再由总承包单位将水下部分分包给具有潜水施工能力的其他单位呢？根据《中华人民共和国招投标法》的规定：中标人按照合同的约定或者经招标人同意，可以将中标项目的部分非主体、非关键性工作分包给他人完成。碗窑水库加固改造工程施工标建安部分预算为5887万元，水下施工预算为2311万元，水下施工所占份额为39%，施工内容又是最为关键的上游防渗面板，直接关系到大坝加固后的防渗效果，对工程的成败至关重要。因此，发包给总承包单位再由总承包单位将水下施工部分分包给具有水下施工能力的单位并不符合分包规定，而且不能保证能找到合适的水下施工队伍和保证水下工程施工质量。

目前国内并没有潜水作业的专门资质，而由中国潜水打捞行业协会负责会员潜水服务能力与信用评估的自律管理工作。潜水服务会员可按照其拥有的注册资本、潜水专业人员、技术装备、以往潜水作业业绩、职业健康安全控制能力和诚信体系水平等评估指标申请相应等级的证书。根据《潜水服务能力与信用评估自律管理办法》，潜水服务能力与信用评估等级由高到低分为：一级、二级、三级、四级4个等级，但对各等级的承包范围并没有明确的规定。

综合考虑以上因素，碗窑水库加固改造工程施工标设置的投标人主要资格条件如下：

(1) 应同时具备有效的水利水电工程施工总承包一级及以上资质和中国潜水打捞行业协会颁发的《潜水服务能力与信用评估等级证书》（潜水作业二级及以上），具有有效的营业执照和建设行政主管部门颁发的《安全生产许可证》及中国潜水打捞行业协会颁发的《潜水作业安全证书》（潜水作业），且具有类似项目施工业绩。

类似项目施工业绩是指：1997年7月15日以来（以完工验收时间为准）已完工的：①大中型水库新建或大型水库除险加固（或加固改造）施工业绩；②水下混凝土浇筑业绩（须潜水作业）。投标人须同时具有上述两项业绩（联合体投标的，①项业绩须由联合体牵头人提供，②项业绩须由联合体非牵头人提供）。

(2) 投标人（联合体投标的，指联合体牵头人）的招投标领域企业信用等级须为“A”级及以上。企业信用报告须由浙江省发展和改革委员会（浙江省信用建设领导小组办公室）备案的第三方信用服务机构出具，且企业信用等级信息已在“信用浙江”网上公示，并在有效期内。

(3) 拟派项目负责人应持有注册在投标人单位（联合体投标的，指联合体牵头人）的水利水电工程一级建造师（含已延续注册的临时一级建造师）注册证书，并在投标截止日不得在其他任何在建合同工程中担任项目负责人。

(4) 项目副负责人（项目副经理）应持有有效的中国潜水打捞行业协会颁发的潜水作业项目经理任职资格证书。（联合体投标的，须由非牵头人委派）

同时在招标文件中明确接受联合体投标。联合体投标的，应满足下列要求：①联合体所有成员数量不得超过2个；②以水利水电工程施工总承包方作为联合体牵头人；③拟派项目负责人须由联合体牵头人委派。

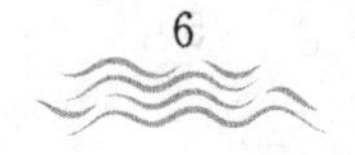

2.1.2 价格区间设置

在招标过程中项目法人还对最高限价和单价区间进行了研究。项目（概）预算完成后，根据一些水下施工单位的反映及项目法人进一步了解的市场情况，水下施工（概）预算严重偏低，有些单价明显不合理。例如，上游C25W8F50混凝土水下面板，预算单价为2800元/m^3，市场价为3500元/m^3左右；ϕ25锚筋（$L=1.2$m水下），预算单价为374.64元/根，市场价为900元/根左右；水下混凝土切割开槽，预算单价为4000元/m，市场价为8000元/m左右；还有水下钢筋制安，其市场价为10000元/t左右，但其预算单价却为6273.96元/t，竟然和水上钢筋制安预算单价6273.96元/t一样，明显不合理。

出现这种情况，要么调整（概）预算，要么直接进行招投标。但是，调整（概）预算是非常严肃和烦琐的，根据《水利水电建设工程调整概算管理办法》，水利建设项目实施过程中，由于下列原因之一造成工程投资突破原批准概算总投资的，可以要求编制调整概算：①超过初步设计范围的重大地质与设计变动；②主要材料、设备价格上浮超出预备费幅度；③发生不可抗力的自然灾害；④国家政策有重大调整；⑤由于投资主体方面的原因延长建设期。当完成工作量达70%以上时，项目法人可向初设审查部门提出调整概算的要求，并申述调概理由。经同意后，再进行调整概算编制工作。由此可见，碗窑水库加固改造工程当时尚处于招标阶段，并不符合调整概算的时机，也没有调整概算的理由，再退一万步讲，即使可以调整概算，这个过程也是十分漫长的，势必延误建设良机，对项目法人造成的损失也是十分巨大的。因此，尽管明明知道（概）预算偏低，也只能在预算范围内进行招投标，在招标细节上下功夫。

为使招标既合法合规，又能尽量减少预算偏低带来的不利影响，项目法人在招标控制总价和单价上进行了精准控制，根据《浙江省水利工程最高投标限价编制办法》，最高投标限价的综合下浮率为2%～8%，结合其他同类工程的招标经验，项目法人最终确定了两个原则：一是施工标最高投标限价按预算价下浮3%控制；二是施工标建安部分设定单价区间（房建部分设定总价区间），区间的上下限按最高投标限价清单相应单（总）价的105%与80%控制。单价区间在工程量清单中随招标文件一起公开。

最终，碗窑水库加固改造工程施工标共有8家单位参加投标，均为联合体投标，招标一次成功。中标单位为浙江省围海建设集团股份有限公司和上海蛟龙海洋工程有限公司组成的联合体。从后期施工情况来看，中标单位是满足工程施工要求的，招标是成功的。

2.2 水上水下施工分界线管理

碗窑水库正常蓄水位194.24m，相应库容2.08亿m^3，发电最低死水位158.24m，灌溉死水位149.24m，系多年调节水库，设计洪水位（$P=1\%$）195.48m，校核洪水位（$P=0.1\%$）195.65m，水库总库容2.228亿m^3。施工期坝前限制水位的选择主要从两个方面考虑：一方面是水库集水面积较大（212.5km^2），泄水通道有限（泄洪闸堰顶高程186.24m；发电引水钢管进水口高程为143.24m，直径3.00m；放水孔进口底高程为138.24m，直径1.20m），水位降低的过程较长。另一方面，施工期水库有临时供水、灌溉和生态供水任务，任务较重。在施工期间需保证碗窑乡2万人的生活供水任务，设计供用水量3000t/d；并且保证碗窑灌区灌溉用水与下游河道生态用水，其中下游河道生态用水1600万m^3/年。综合考虑施工期供水、灌溉、生态用水要求并降低水下混凝土施工难度等原因，初定施工期坝前限制水位158.24m。

水下工程自2017年11月底开工以来，因峡口水库供水工程供水管网建设工程延期，为确保城市供水，水库水位不能下降，错失了水下面板浇筑作业的最佳施工期，施工前期工程推进十分缓慢。2018年1月底峡口供水管网建成后，因临近春节，春节后又逢主汛期，库区降雨量比常年偏多两成，碗窑水库没有放水孔，持续24h发电，仍无法在汛期将水位降至工程设计施工水位158.24m，造成水下施工直至2018年7月才进入实质性施工阶段。

按照水上水下施工分界线158.24m来控制，水下混凝土方量为5045m^3，水下施工节点工期为6个月，平均月浇筑强度高达841m^3。但实际上，水下工程全面铺开施工后，遇到了水下施工工艺复杂、水下作业环境浑浊，以及设计变更、质量检测等方面的重重困境，浇筑能力仅能达到600m^3/月左右，无法按时完成施工任务，更无法实现水库2019年汛期蓄水的关键目标。

为了实现目标，在要求水下施工单位加强施工力量的基础上，项目法人开始了降低施工控制水位的分析和尝试。水上水下施工分界线为158.24m，这是根据发电死水位来确定的。降低水上水下施工分界线有3个好处：①施工进度可大大加快，水下面板混凝土浇筑一个班组平均5d浇筑一仓，水上面板混凝土浇筑的平均周期为2d一仓，水上水下施工效率比为2.5∶1，而且对于水下施工，水位降低后，水压相应减少，亦可提高水下施工效率；②费用可大大节约，水下面板混凝土合同单价为2450.85元/m^3，水上面板混凝土合同单价为539.23元/m^3，水上水下价格比仅为22%；③施工质量可得到保证，水下的施工条件较差，施工过程不直观，施工质量无法与相对成熟稳定的水上施工相比。

但是碗窑水库原先建造的放空洞已与城市供水取水管相连，无法通过放空洞有效放水降低水位，导流洞也已被厚厚的混凝土封堵，更是无法放水，仅能通过发电洞发电来降低水位。通过发电来降低水位，不仅受发电流量的限制，更是受到发电死水位的限制。能否把水位降低到发电死水位以下，能降多少，对发电机组会带来多大影响，这些问题都必须慎之又慎。为此，一方面，项目法人咨询了设计电站的相关专家，分析计算认为，在发电死水位下发电理论上还有一定的裕度，约为1m；另一方面，项目法人制定了严谨的措施，加强观察机组运行状态，加密监测机组温度、噪音、振动等参数，在保证机组发电安全的前提下，最多时将水位下降到发电死水位以下5m处，为工程施工创造了较好的条件。另外，项目法人还对水上水下施工分界线实行动态管理，只要水下混凝土浇筑完成露出水面，就采取水上施工方法施工。通过采取这些措施，碗窑水库加固改造工程上游防渗面板含有水下施工的6个坝段，5个坝段水上水下施工分界线由158.24m降为156.24m，超过300m^{3}混凝土由水下浇筑变为水上浇筑，极大地加快了施工进度，保证了工程施工质量。水下工程于2019年1月底前完成水下面板浇筑，2019年3月底前完成上游坝面结构缝处理等其他水下工作，为后续水上面板施工和水库汛期蓄水创造了良好的条件。

第3章 设 计 创 新

碗窑水库加固改造初步设计由浙江省水利水电勘测设计院承担。2016年6月，浙江省水利水电勘测设计院编制完成《浙江省江山市碗窑水库加固改造工程初步设计报告（送审稿）》。2016年7月，浙江省水利厅组织召开《浙江省江山市碗窑水库加固改造工程初步设计报告》审查会，并形成专家组评审意见。2016年10月，浙江省水利水电勘测设计院编制完成《浙江省江山市碗窑水库加固改造工程初步设计报告（报批稿）》。2016年12月，浙江省水利厅下发《浙江省水利厅关于江山市碗窑水库加固改造工程初步设计的批复》（浙水许〔2016〕69号），工程概算总投资为9550万元。

3.1 上游坝面新建水下混凝土防渗面板

3.1.1 水下不分散混凝土的应用

碗窑水库加固改造工程上游防渗面板施工涉及了水下混凝土和水下裂缝修补等特殊项目，设计对近年来水下混凝土材料、施工工艺、工程案例等资料进行了整理学习。

对于建筑物的水下部分修补和建造传统的处理方法是降低水位、建造围堰、放空水库等。近年来，水下工程新技术、新材料、新工艺不断发展提升，水下施工设备（图3.1）也越来越先进，许多水下工程新技术正挑战或改变着传统的施工方法。先进的水下工程检测与加固处理技术在水利水电设施运行管理和工程建设中得到越来越多的应用，国家先后发布了《水工混凝土建筑物修补加固技术规程》（DL/T 5315—2014）、《水利水电工程水下混凝土施工规范》（DL/T 5309—2013）等规范。

水下不分散混凝土能在水位较深、混凝土浇筑厚度小、不具备振捣施工的条件下，达到水下自流平、自密实，达到振捣混凝土的同等密实效果。该技术在湖南省宝峰湖水库大坝渗流处理、江苏省常州市新闸防洪控制工程水下混凝土底板浇筑、云南省龙开口水电站消力池水下混凝土修补、四川省龚嘴水电站消力塘地面厂房左端墙及分水墙水下修补、湖北省水布垭水电站大坝面板检查及修补、湖南省遥田水电站水下工程等多个工程成功应用，并取得较好效果。

（1）湖南省宝峰湖水库大坝水下混凝土防渗面板。宝峰湖水库始建于

（a）观察型水下机器人

（b）潜水减压舱

（c）潜水服

（d）潜水头盔

图 3.1　水下施工设备

1974 年，为浆砌石拱坝，最大坝高 72.9m，坝顶轴线长 18.5m，坝顶宽 2.5m。2002 年大坝安全鉴定结果认为“大坝施工质量差，坝体渗漏严重”。受地理等条件限制，不能放空水库，经专家组评审后采取了在大坝上游面新建水下不分散混凝土防渗层+防渗膜的修补方案，混凝土防渗层厚度 0.5～0.3m，范围从高程 387.25～435.25m，最大作业水深约 50m。水下混凝土强度等级为 C20，抗渗指标 S8，黏结强度 1.5MPa。混凝土防渗层采用间距 1.5m 的 ϕ25 锚筋与原坝体连接，锚筋长 1.5m，深入原坝体 0.4m。修补后，坝体渗漏情况明显减轻，混凝土各项指标达到设计要求。坝前录像检查表明大坝修补面平整，弧度过渡自然，未发现跑模和跑浆现象。

（2）江苏省常州市新闸防洪控制工程水下混凝土底板浇筑。该工程位于江苏省常州市西的京杭运河上，为单孔净宽 60m 的活动节制闸，是防止太湖流域西部洪水东下苏锡常三市的重要控制口。京杭运河常州段属Ⅲ级航道，交通流量大，因此要求在不断航情况下用水下混凝土浇筑闸底板和护底。水下混凝土共浇筑3360m³，一次浇筑量为660m³，经验收抽查，水下混凝土的饱和度、平整度和闸门底槛的水平度均满足要求。

（3）云南省龙开口水电站消力池水下混凝土修补工程。龙开口水电站位于云南省大理州鹤庆县龙开口镇境内，是金沙江中游河段水电规划“一库八级”开发的第六级电站。通过对龙开口水电站消力池的水下检查，发现消力池有多处混凝土冲刷破坏，破坏比较严重，冲坑内出现钢筋网裸露、扭曲变形，钢筋缺失等情况。综合设计单位等各方意见需修补水下检查发现的G区与厂坝导墙底部结合部分缺陷（长约68m）。潜水员用液压锯等工具沿着冲刷破损区域边线切割出修补边缘线，切割完成后用水下液压设备凿除冲刷区域内松动的混凝土，凿出新鲜、坚实的混凝土面，增加浇筑面的糙度和新老混凝土的结合强度，凿除老混凝土表面破损区域。在损伤部位植入螺纹钢，锚固深度20cm。钻孔时根据凿除、清理后破坏区域的形状、面积的大小、出露的钢筋情况，确定布孔位置，植筋间距50cm。冲刷区域立模浇筑混凝土，采用水下不分散混凝土。龙开口水电站消力池水下施工如图3.2所示。

(a) 水下切割、凿毛

(b) 水下钻孔、锚固

图3.2（一） 龙开口水电站消力池水下施工

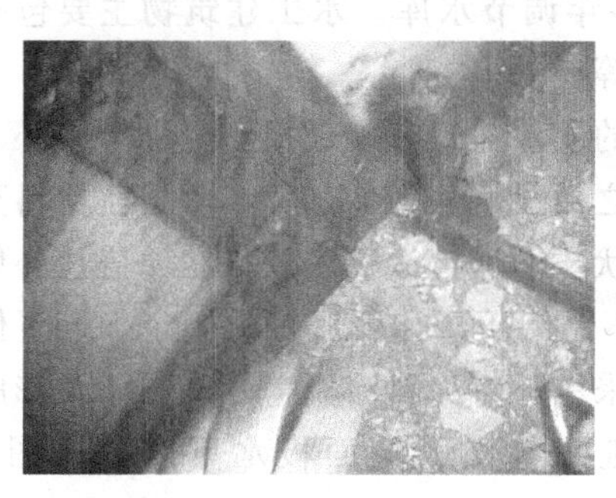
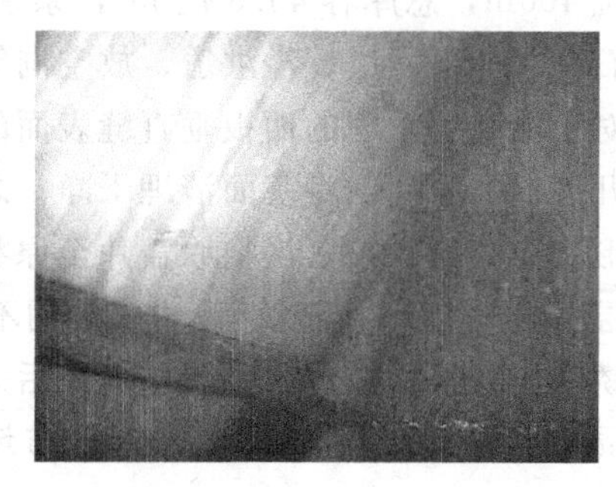

(c) 水下安装模板

(d) 吊罐法浇筑混凝

图 3.2（二） 龙开口水电站消力池水下施工

(4) 四川省龚嘴水电站消力塘地面厂房左端墙及分水墙水下修补。龚嘴水电站位于大渡河上，工程坝址以上控制流域面积 76130km^2，多年平均流量 1500m^3/s。工程以发电为主，兼顾漂木。根据对龚嘴水电站消力塘地面厂房左端墙、分水墙等部位冲刷破坏检查结果，对龚嘴水电站消力塘地面厂房左端墙及分水墙进行了水下修补。主要工艺有布设锚筋、铺设钢筋网，安装模板，冲坑内浇筑水下不分散混凝土。浇筑混凝土时，在龚嘴水电站大坝分水墙顶面工作场地安放搅拌机，将搅拌好的混凝土用导管转至浇筑平台的储料斗，然后采用导管法进行水下混凝土浇筑。浇筑过程中严格控制每道工序，确保了浇筑质量。龚嘴水电站消力塘水下施工如图 3.3 所示。

图 3.3 龚嘴水电站消力塘水下施工

(5) 湖北省水布垭水电站大坝面板检查及修补工程。水布垭水电站位于清江中游河段巴东县境内，是清江梯级开发的龙头电站，正常蓄水位 400m，总库容 45.8 亿 m^3，系多年调节水库。水工建筑物主要包括面板堆石坝、地下厂房、溢洪道、放空洞等。

对于检查中发现的面板垂直缝表面的止水盖片开裂破损，应进行修补。首先掀开破损的盖片，将基面清理干净；之后涂刷底胶，填塞 SR 柔性材料至原鼓包形状；涂刷底胶，恢复原盖片至原状，然后再涂刷底胶，在原盖片外侧粘贴一层新 SR 盖片；盖片两侧边缘采用不锈钢压条和膨胀螺栓固定，上下侧边缘不锈钢压条根据鼓包半径制作；最后采用环氧涂料涂刷盖片、压条及膨胀螺栓四周，形成一个封闭的整体。水布垭水电站大坝面板水下施工如图 3.4 所示。

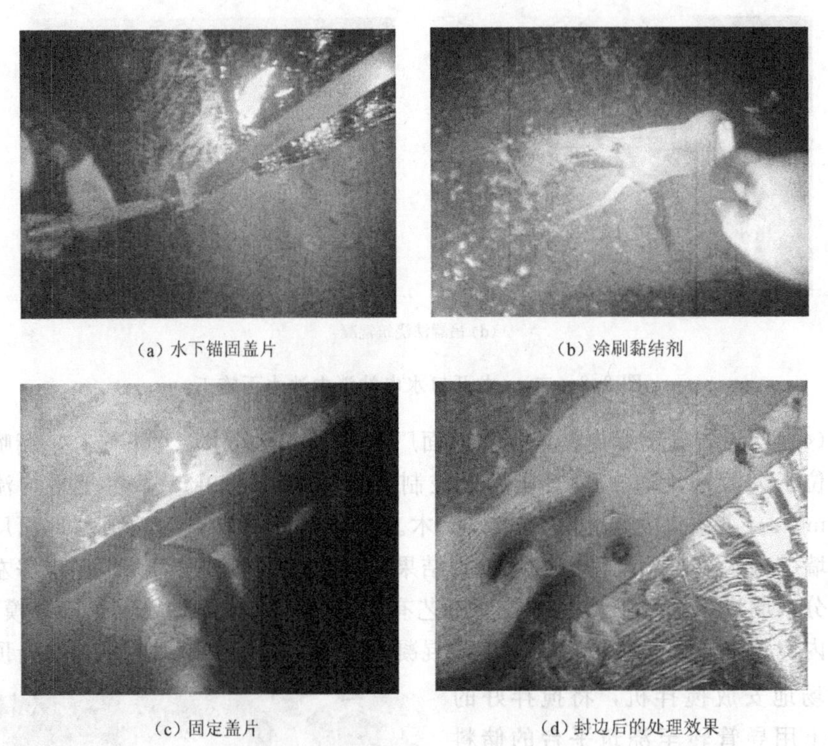

(a) 水下锚固盖片　(b) 涂刷黏结剂

(c) 固定盖片　(d) 封边后的处理效果

图 3.4　水布垭水电站大坝面板水下施工

对检查中发现的局部面板混凝土破损进行修补，首先对破损内部进行凿毛；为了提高新混凝土的抗冲能力，对破损边缘进行切割，切割线应与坡面垂直；最后采用水下环氧砂浆修补至面板设计平面，表面抹光处理。

(6) 湖南省遥田水电站水下工程。遥田水电站位于湖南省耒水下游，距耒阳市 26km，为耒水梯级水能规划的第 12 个梯级。水电站是以发电为主，兼有航运、供水等综合效益的工程。水下工程主要是建造检修门槽，包括了水下混凝土浇筑和埋件的水下安装，水下建造 27 孔检修门槽，其水深 30m。水下新

建检修门槽和底槛结构图如图 3.5 所示，水下闸段施工如图 3.6 所示。该项目为国内首次进行水下建筑安装检修门的案例。

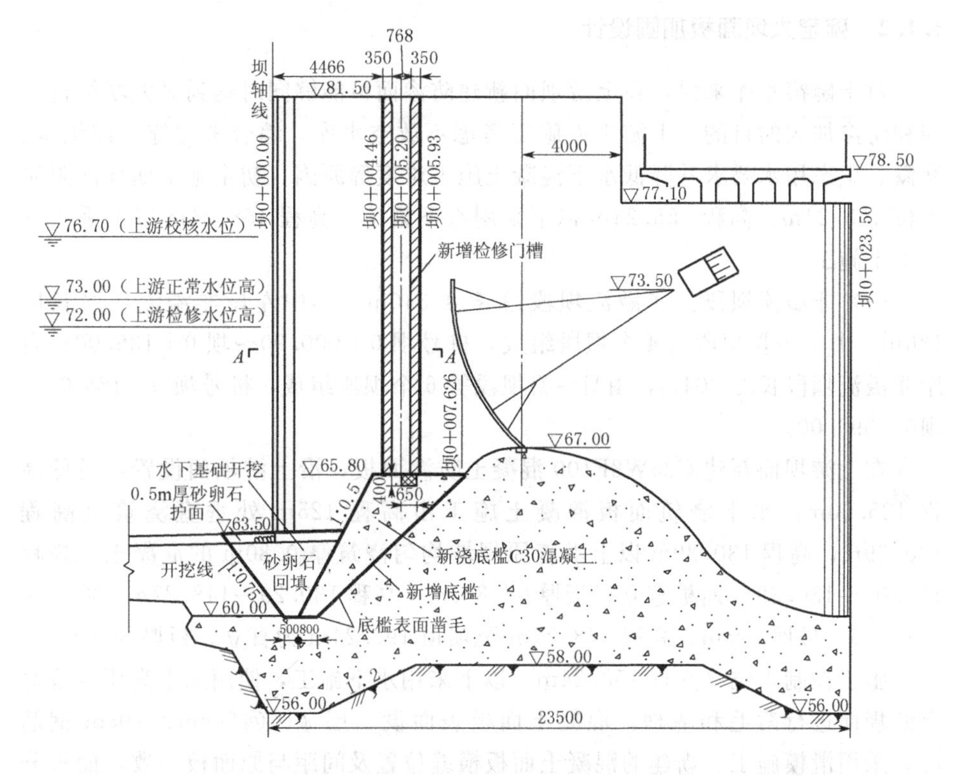

图 3.5 水下新建检修门槽和底槛结构图（单位：高程为 m，其余为 mm）

图 3.6 水下闸段施工

根据有关资料和工程案例，当前国内水下混凝土材料、水下混凝土施工、质量控制等技术已达到一定的技术水平，可满足水利工程的应用要求。

3.1.2 碗窑大坝面板加固设计

对于碗窑水库来说，在上游坝面新建防渗面板能够同时达到对大坝结构加固和防渗加固的目的。上游坝面施工考虑不放空水库，综合考虑施工期供水、灌溉、生态用水要求并降低水下混凝土施工难度等原因，初定施工期坝前限制水位 158.24m。高程 158.24m 以下采用水下施工，高程 158.24m 以上采用常规水上施工。

（1）非溢流坝段。非溢流坝段总长度 340m，其中左岸非溢流坝段长度 136m，由Ⅰ～Ⅳ坝段共 4 个坝段组成，桩号坝 0＋000.00～坝 0＋136.00；右岸非溢流坝段长度 204m，由Ⅵ～Ⅺ坝段等 6 个坝段组成，桩号坝 0＋186.00～坝0＋390.00。

在上游坝面新建 C25W8F100 混凝土防渗面板，沿上游坝面设置，最低高程 125.00m。水下浇筑面板混凝土施工由高程 125m 处垂直浇筑至高程 130.39m，高程 130.39m 以上沿着原坝坡均匀浇筑厚 0.80m 的混凝土。高程 125.00～130.39m 面板直立，板厚 0～80cm；高程 130.29～148.27m，坡度为 1∶0.15，板厚 80cm；高程 148.27m 至坝顶 196.24m 为直立，板厚 80cm。

施工控制水位（高程 158.24m）以下采用水下施工，使用水下高压水枪对上游坝面进行凿毛和清理。混凝土面板表面设一层 ϕ16@20cm×20cm 钢筋网，采用滑模施工。新建的混凝土面板横缝位置及间距与原面板一致，面板分缝间距 17.00m，缝宽 2cm，缝内设铜片止水一道。混凝土面板施工前，需对上游坝面进行凿毛和渗流通道封堵，并设长 1.50m 的 ϕ25@1.0m×1.0m 插筋，外露长 50cm。

（2）溢流坝段。溢流坝段为 5 号坝段，总宽度 50m，桩号坝 0＋136.00～坝0＋186.00。

在溢流坝段的上游坝面新建 C25W8F100 混凝土防渗面板，厚 0.80m，沿上游坝面设置，最低高程 125.00m。水下浇筑面板混凝土施工由高程 125m 处垂直浇筑至高程 130.39m，高程 130.39m 以上沿着原坝坡均匀浇筑厚 0.80m 的混凝土。在高程 125.00～130.39m 面板直立，面板厚度 0～80cm；高程 130.29～148.27m，坡度为 1∶0.15，板厚 80cm；高程 148.27m 至坝顶 178.24m 为直立，板厚 80cm。

施工控制水位（高程 158.24m）以下采用水下施工，使用水下高压水枪对上游坝面进行凿毛和清理。混凝土面板表面设一层 ϕ16@20cm×20cm 钢筋网，采用滑模施工。新建的混凝土面板横缝位置及间距与原面板一致，缝宽

2cm，缝内设铜片止水一道。混凝土面板施工前，需对上游坝面进行凿毛和渗流通道封堵，并设长1.50m的ϕ25@1.0m×1.0m插筋，外露长50cm。

(3) 结构缝表面封闭。初定上游防渗面板裂缝处理的施工控制水位158.24m，高程158.24m以下结构缝和裂缝处理采用水下施工。

为了保证大坝横缝、面板缝等结构缝的防渗效果，在新建的防渗面板结构缝表面处设深度不超过5cm的倒角，采用在结构缝表面制作柔性鼓包的方式进行表面封缝处理（图3.7）。

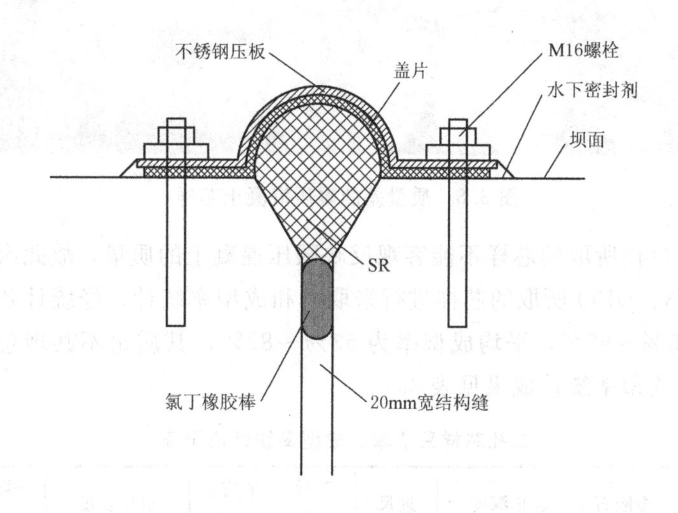

图3.7 结构缝表面封缝处理

3.2 坝体灌浆排水处理

3.2.1 勘探分析

针对碗窑水库主坝碾压混凝土填筑质量检查进行了钻孔取样鉴定、室内物理力学试验、现场水文地质试验、孔内电视摄像及声波测试、示踪试验等一系列地勘工作；对主坝坝基防渗帷幕及副坝坝头进行了勘探检查。

3.2.1.1 主坝碾压混凝土填筑质量

为检查混凝土质量，在坝顶布置了7个钻孔，钻机采用300型、150型地质钻机，钻头采用D225、D173、D150、D130、D110、D91等金刚石钻头，以适作取芯分析、物理力学试验、水文地质试验、孔内电视摄像及声波测试、示踪试验等检查项目。

(1) 钻孔取芯质量分析。经钻孔取芯，碾压混凝土为三级配，骨料为天然砂砾料，最大骨料粒径8cm。大部分芯样表面粗糙，微气孔发育，见有少量空洞，芯样不甚连续，之间时有松散骨料分布（图 3.8）；部分完整的碾压混凝土芯样长度可达 60～90cm，钻进时大都回水消失，时有掉块、卡钻、塌孔现象出现。

图 3.8 质量差的碾压混凝土芯样

由于小口径所取的芯样不能客观反映碾压混凝土的质量，故此次仅对钻头 D225、D173、D150 所取的芯样进行采取率和成型率统计。经统计各孔的平均采取率为 65%～93%，平均成型率为 53%～82%，其质量不甚理想。钻孔芯样采取率、成型率统计成果见表 3.1。

表 3.1 钻孔芯样采取率、成型率统计成果表

钻孔编号	孔深/m	金刚石钻头	起止深度/m	进尺/m	芯样长度/m	平均采取率/%	成型长度/m	平均成型率/%	坝段
ZK2	51.65	D150	11.90～15.45	3.55	3.30	93	2.86	81	Ⅳ
ZK3	60.68	D225	11.82～28.67	16.85	14.12	84	13.32	79	
		D173	28.67～40.58	11.91	10.25	86	9.13	77	
		D150	40.58～60.68	20.1	18.3	91	16.51	82	
ZK4	58.00	D225	0.44～27.60	27.16	23.49	86	21.88	81	Ⅶ
		D173	27.60～33.25	5.65	3.65	65	2.99	53	
		D150	33.25～58.00	24.75	20.04	81	17.32	70	
ZK6	31.00	D225	0.54～25.60	25.06	21.53	86	19.44	78	Ⅸ
		D173	25.60～28.20	2.6	2.38	92	1.93	74	
		D150	28.20～31.00	2.8	2.14	76	1.70	61	

（2）碾压层面分析。根据钻孔取样、结合孔内电视摄像，大坝碾压混凝土层面的质量离散性较大，大致可分为三种类型：

1）胶结不良的碾压层面（图 3.9）。骨料呈松散、分离和不成型，层面基本处于脱开状态，有少数碾压层整层混凝土结构均较松散。这种层面在芯样肉

眼鉴定和孔内电视摄像时均较为清晰，经统计，该层面占理论碾压层面（层厚按30cm考虑）的19%～33%，见表3.2。

图3.9 胶结不良的碾压层面

表3.2 **胶结不良的层面统计一览表**

孔深/m	起止深度/m	进尺/m	理论层面个数/层	不良层面个数/层	不良层面占比率/%	孔内稳定水位埋深/m	坝段
51.65	11.90～51.65	39.75	133	37	28	47.15	Ⅳ
60.68	11.82～60.68	48.86	163	31	19	55.73	
58.00	0.44～58.00	57.56	192	42	22	44.29	Ⅶ
56.05	0.57～56.05	55.48	185	39	21	43.36	
31.00	0.54～31.00	30.46	102	30	29	29.53	Ⅸ
24.80	0.50～24.80	24.30	81	27	33	干孔	

2）胶结一般的碾压层面（图3.10）。该层面之间虽有一定的凝聚力，但其强度远比碾压混凝土本体强度低。根据对所取芯样外观的分析，这种层面如质量偏差者，经钻探动力作用芯样往往呈脱开状态，其断面或犬齿起伏（粗骨料较多）、或光滑平整（砂浆较多），如质量偏好者，芯样未脱裂，层面较清晰。

图3.10 胶结一般的碾压层面

3）胶结良好的碾压层面（图 3.11）。上、下层混凝土骨料相互镶嵌，且水泥浆液分布均匀使之成为一体。其层面位置在外观上难以甄别，物理力学指标与碾压混凝土本体相差无几。

图 3.11 胶结良好的碾压层面

3.2.1.2 物探测试成果分析

（1）钻孔电视摄录成果分析。对钻孔 ZK1、ZK2、ZK3、ZK4、ZK5、ZK6、ZK7、ZK10 进行了钻孔电视摄录，以了解主坝碾压混凝土质量、层面透水性能。钻孔电视采用武汉长盛工程检测技术开发有限公司生产的彩色钻孔电视摄像仪，其为国内最先进的孔内电视成像系统。根据上述钻孔电视资料分析，左岸大坝上部混凝土灌砌石层普遍存在块石间混凝土充填不密实，空洞频现，一般空洞 8～15cm，大者为 20～30cm，直立缝隙分布也较多，缝隙宽度为 1～13cm 不等，时有掉块、渗水等质量缺陷。碾压混凝土自上而下分布较多的胶结不良层面，层面间多有混凝土不密实、粗骨料集中、架空等质量缺陷，沿层面渗透性较好，如钻孔 ZK4 孔内投放示踪剂亮蓝，在右侧相距 10m 的 ZK5 孔内可观测到其液体溢出。胶结不良、胶结一般、胶结良好的碾压层面如图 3.12 所示。

（2）声波测井成果分析。对钻孔 ZK4（孔深 0.4～57.4m）、ZK5（孔深 14.4～45.0m）进行了声波测井。根据测得的波速、波幅大小变化对混凝土碾压质量进行评判，若碾压混凝土存在缺陷，则反映该部位的波速、波幅一般相对较低。本工程以胶结较好碾压混凝土的波速、波幅值为标准，取波速临界值约 3.60km/s，波幅临界值为正常平均值减 6dB 进行综合质量评定。声波测井采用北京智博联科技有限公司生产的 ZBL－U520 非金属超声检测仪，探头采用一发双收式径向换能器。ZK4 钻孔波速、波幅曲线如图 3.13 所示，ZK4 钻孔声波测井混凝土缺陷分布深度见表 3.3。

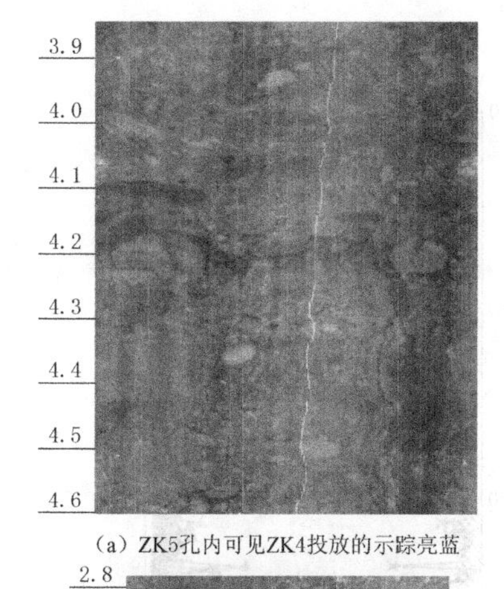

(a) ZK5孔内可见ZK4投放的示踪亮蓝

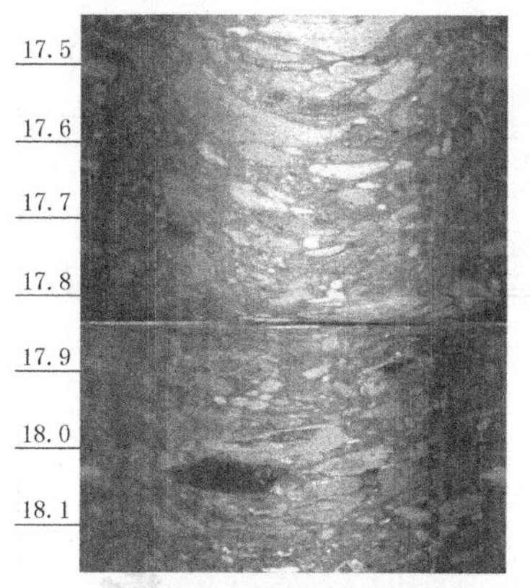

(b) ZK2孔深17.85m胶结一般的碾压层面

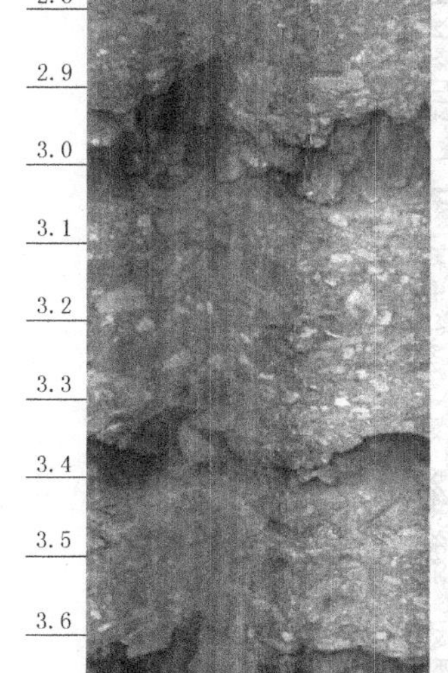

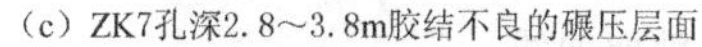

(c) ZK7孔深2.8～3.8m胶结不良的碾压层面

(d) ZK5孔深42.9～43.8m胶结不良的碾压层面

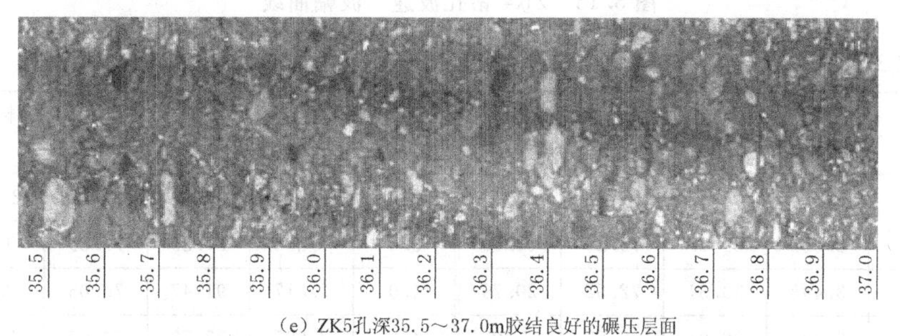

(e) ZK5孔深35.5～37.0m胶结良好的碾压层面

图 3.12　胶结不良、胶结一般、胶结良好的碾压层面

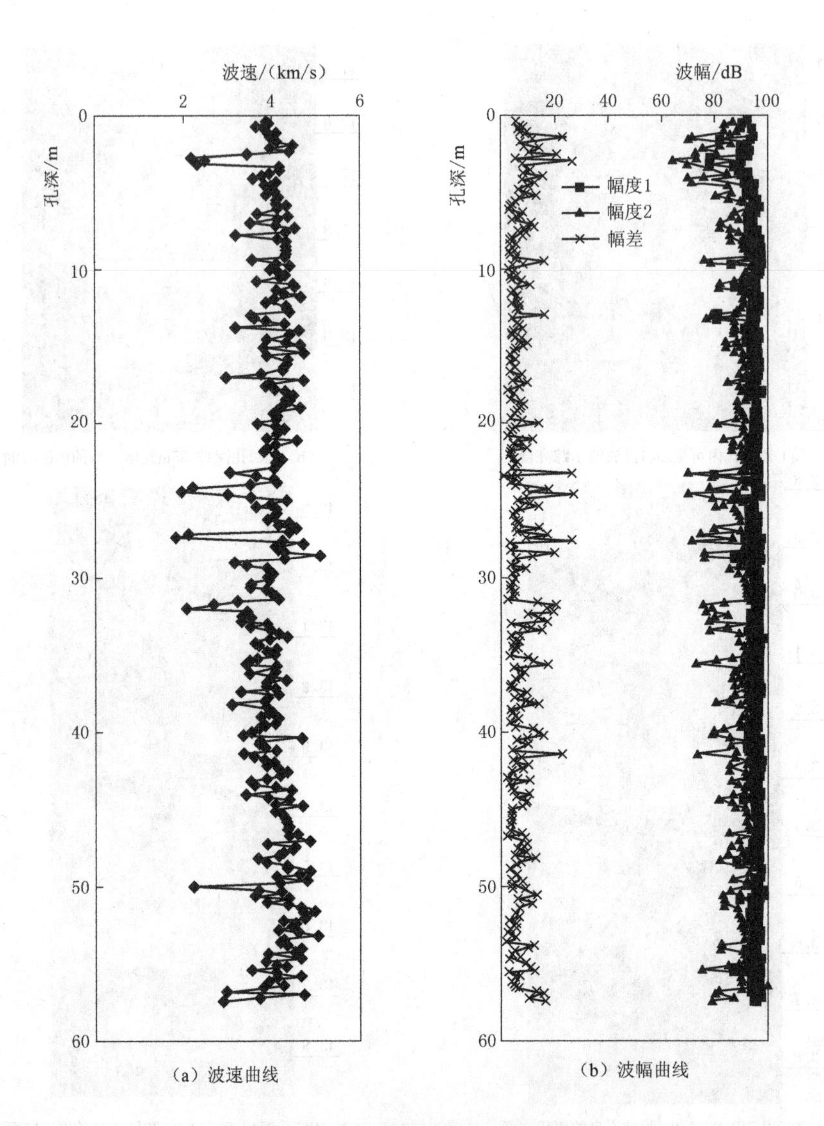

图 3.13 ZK4 钻孔波速、波幅曲线

表 3.3　　ZK4 钻孔声波测井混凝土缺陷分布深度

孔深 /m	波速 /(km/s)	幅度 1 /dB	幅度 2 /dB	幅差 /dB	孔深 /m	波速 /(km/s)	幅度 1 /dB	幅度 2 /dB	幅差 /dB
1.4	4.000	94.47	71.36	23.11	3.0	2.475	90.09	64.01	26.09
2.2	3.968	89.79	75.29	14.50	3.4	4.202	87.29	77.39	9.90
2.6	3.448	93.31	72.52	20.79	4.0	3.817	91.47	76.05	15.43
2.8	2.183	78.91	73.55	5.36	4.2	3.597	77.75	70.03	7.72

续表

孔深 /m	波速 /(km/s)	幅度 1 /dB	幅度 2 /dB	幅差 /dB	孔深 /m	波速 /(km/s)	幅度 1 /dB	幅度 2 /dB	幅差 /dB
4.4	4.132	84.37	71.36	13.00	32.0	2.066	95.49	79.07	16.42
5.2	3.906	93.71	80.04	13.68	32.2	3.425	96.41	76.74	19.67
6.4	3.676	94.65	87.33	7.32	32.4	3.333	94.47	84.83	9.64
7.0	3.497	93.71	82.42	11.29	32.8	3.311	95.17	77.98	17.18
7.8	3.205	93.71	85.59	8.13	33.2	3.521	95.49	85.09	10.40
9.4	3.571	92.89	76.05	16.84	33.4	4.000	93.31	77.98	15.33
9.6	4.132	86.42	78.55	7.88	34.2	3.623	95.33	89.11	6.22
10.8	3.676	95.00	87.13	7.86	35.4	3.497	91.73	80.48	11.24
13.0	3.521	95.00	79.07	15.92	35.6	3.425	91.22	73.55	17.67
13.2	3.623	80.85	76.74	4.10	36.2	3.497	95.00	87.33	7.66
13.8	3.185	94.47	87.13	7.34	37.4	3.289	97.10	87.53	9.58
17.0	2.976	95.49	89.43	6.07	38.2	3.086	94.29	80.04	14.25
20.0	3.676	95.33	80.91	14.42	39.8	3.676	95.33	83.71	11.62
23.2	3.049	96.41	70.03	26.38	40.0	3.521	93.31	79.57	13.74
23.4	3.65	79.93	79.07	0.86	40.2	3.311	94.65	78.55	16.10
24.0	3.497	95.81	91.11	4.70	41.4	3.356	96.69	73.55	23.15
24.2	2.203	96.26	78.55	17.72	41.6	3.623	94.10	87.13	6.97
24.4	1.961	97.37	88.09	9.28	43.2	3.521	95.96	86.06	9.90
24.6	2.994	97.24	70.03	27.21	43.4	3.571	92.21	89.27	2.94
25.4	3.650	94.47	80.48	13.99	44.0	3.401	96.83	86.93	9.90
26.8	4.587	94.10	79.57	14.53	48.2	3.676	95.49	82.42	13.07
27.2	2.101	91.73	74.46	17.26	48.4	3.906	88.45	82.07	6.38
27.4	1.799	95.81	86.50	9.30	50.0	2.232	96.11	91.85	4.27
27.6	4.247	97.50	71.36	26.13	50.2	3.676	95.17	85.83	9.34
28.4	4.310	95.96	76.05	19.92	50.6	3.623	96.55	83.41	13.15
28.6	5.102	87.69	76.05	11.65	55.4	3.546	87.29	75.43	11.86
29.0	3.165	95.49	89.43	6.07	56.6	3.759	97.10	90.99	6.11
29.2	3.425	95.49	91.61	3.88	56.8	2.959	94.29	81.45	12.83
31.6	3.226	96.97	83.71	13.26	57.0	4.717	95.96	79.87	16.09
31.8	2.674	96.55	76.05	20.51	57.4	2.907	95.33	78.85	16.49

ZK5 钻孔波速、波幅曲线如图 3.14 所示，ZK5 钻孔声波测井混凝土缺陷分布深度见表 3.4。

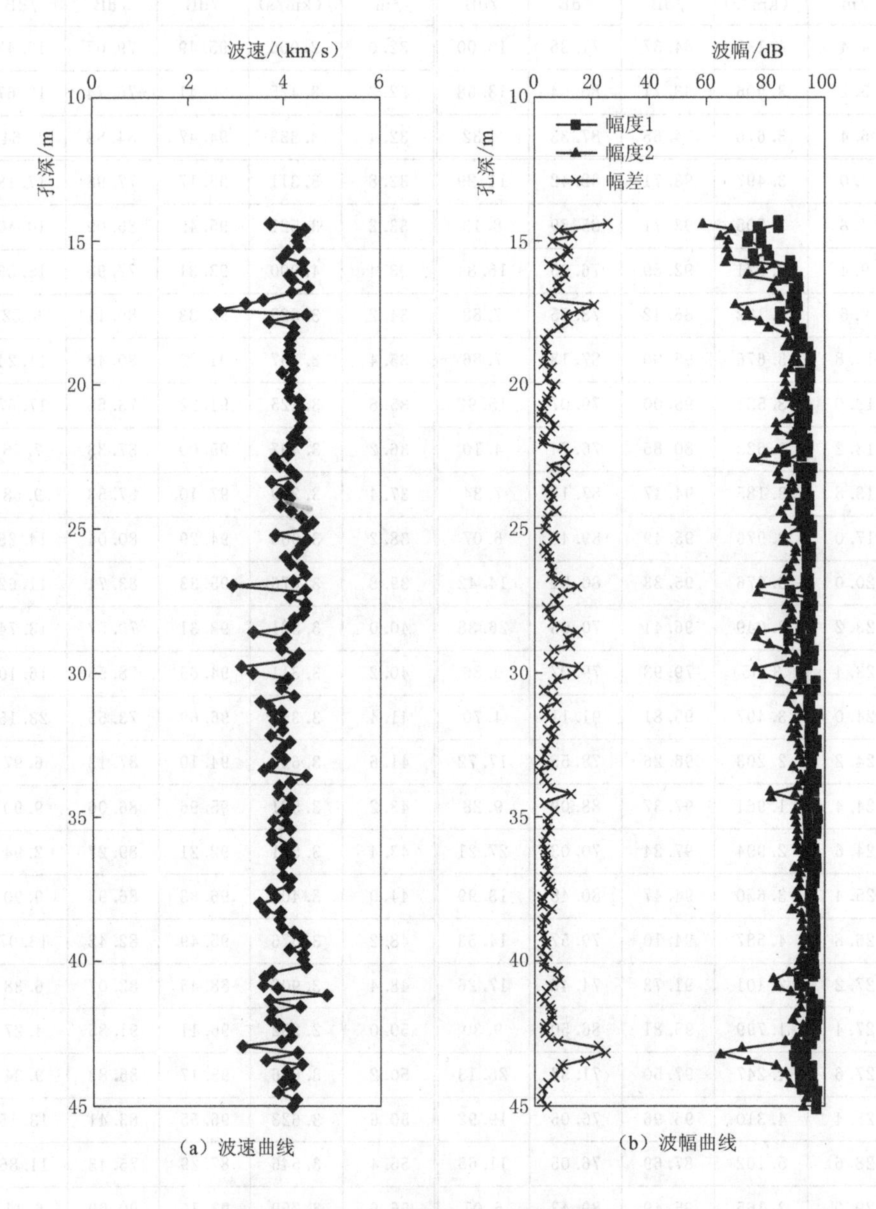

(a) 波速曲线　　(b) 波幅曲线

图 3.14　ZK5 钻孔波速、波幅曲线图

经声波波速、波幅综合分析，ZK4 正常碾压混凝土波速为 3.5～5.0km/s，平均为 4.2km/s；含施工冷缝及其他缺陷的碾压混凝土波速为 1.8～4.7km/s，平均为 3.4km/s。ZK5 正常碾压混凝土波速为 3.5～4.9km/s，平

均为4.1km/s；含施工冷缝及其他缺陷的碾压混凝土波速为2.6～4.5km/s，平均为3.6km/s。

表3.4　　ZK5钻孔声波测井混凝土缺陷分布深度

孔深/m	波速/(km/s)	幅度1/dB	幅度2/dB	幅差/dB	孔深/m	波速/(km/s)	幅度1/dB	幅度2/dB	幅差/dB
14.4	3.704	84.25	58.36	25.89	28.6	3.356	91.98	76.94	15.04
15.2	4.310	78.60	66.31	12.28	28.8	4.000	87.12	75.86	11.26
15.4	4.065	80.54	67.9	12.64	29.0	3.906	94.04	80.96	13.08
17.0	3.546	88.61	84.38	4.23	29.8	3.067	92.13	75.86	16.28
17.2	3.185	90.08	69.24	20.84	31.0	3.497	94.52	86.31	8.20
17.4	2.604	89.48	73.92	15.56	31.2	3.676	94.16	90.82	3.34
17.6	4.464	84.62	73.92	10.70	33.4	3.521	92.72	91.32	1.40
17.8	3.676	89.48	77.91	11.57	34.2	3.876	94.52	81.28	13.24
22.2	4.132	94.16	83.93	10.23	40.6	3.546	91.66	82.44	9.23
22.4	4.098	92.13	79.57	12.56	43.0	3.106	93.67	71.42	22.25
27.0	2.924	93.54	77.91	15.63	43.4	3.571	91.17	73.92	17.25
27.2	4.425	87.65	76.94	10.70					

3.2.2 碗窑坝体灌浆排水设计

碗窑大坝坝体碾压层面质量离散性较大，大致可分为三种类型：胶结不良的碾压层面、胶结一般的碾压层面、胶结良好的碾压层面。其中胶结不良的碾压层面数量占理论碾压层面的19%～33%，这些层面系为排泄上游面板渗漏水的主要通道，其平均透水率大多为q=10～30Lu。设计建议的物理力学指标为碾压混凝土层面抗剪强度：①胶结不良的碾压层面：f'=0.70，c'=0.65；②胶结一般的碾压层面：f'=0.85，c'=0.85MPa；③胶结良好的碾压层面：f'=1.0，c'=1.05MPa。碾压混凝土层面剪切强度：①胶结不良层面f=0.63；②胶结一般层面：f=0.69；③胶结良好层面：f=0.75。碾压混凝土抗压强度：R'_b=13～18MPa；碾压混凝土弹性模量：E=8～10GPa；碾压混凝土容重：r=24kN/m。

此次加固改造有必要对坝体进行补强灌浆，在防渗加固的同时，改善碾压混凝土层面的物理力学性能，可提高大坝安全裕度。

碗窑水库重力坝1号、2号、9号、10号和11号等5个坝段坝高均低于50m，坝体的抗滑稳定安全系数均大于1.2，抗滑稳定安全度已经较大，因此，这5个坝段不进行坝体灌浆排水处理。

对3～8号等6个坝高大于50m的坝段坝体进行灌浆排水处理。首先在坝体上游侧坝轴线下游5.25m及7.25m处设置2排坝体帷幕灌浆，孔距2m，灌浆材料采用普通水泥，灌浆压力为0.5～1.2MPa。由于帷幕灌浆会堵塞原坝体排水孔，需要对坝体排水孔进行重构，在上游侧坝轴线下游4.50m处设置1排坝体排水孔，孔距3m，排水孔孔径15cm。为了增加低高程坝体层面的抗滑稳定安全度，对低高程坝体层面进行加固灌浆处理，分别在坝轴线下游40m和45m处设置2排坝体层面加固灌浆，孔距3m，灌浆材料采用普通水泥，灌浆压力为0.5～1.0MPa。

3.3 下游坝面处理

3.3.1 存在的问题

碗窑水库主坝非溢流坝段下游坝面为台阶式，左岸非溢流段（3～4号坝段，见图3.15）背水坡渗水较明显，渗出层面高程约为168.24m，3号坝段桩号坝0＋076.00～坝0＋082.00处背水坡坝脚有2个渗水点，高程分别为164.24m、168.24m；右岸非溢流段（6～9号坝段，见图3.16）背水坡有3个不连续的渗出层面，高程大致为：137.24m、164.24m、173.24m，6号坝段桩号坝0＋185.00～坝0＋195.00处背水坡坝脚有3个渗水点，高程约为127.24m。溢流坝段位于5号坝段（总宽50.00m，桩号坝0＋136.00～坝0＋186.00），开敞式堰面采用WES型曲线，后接坡度为1∶0.70的直线段，末端接挑流鼻坎。堰面有一些不同程度的微小裂缝。非溢流坝段下游坝坡细部图如图3.17所示，溢流堰鼻坎下游面如图3.18所示。

图3.15 左岸非溢流坝段下游坝坡

图 3.16 右岸非溢流坝段下游坝坡

(a) 6号坝段下游面

(b) 4号坝段下游面

图 3.17 非溢流坝段下游坝面细部图

3.3.2 下游坝坡设计

(1) 非溢流坝段下游坝坡加厚处理。对下游坝面的 R_{90}150 混凝土预制块进行清洗，并设 ϕ25 插筋。插筋长 3.0m，间距 2.0m×2.0m，呈梅花形布置。采用 C20W4F50 混凝土从下游坝面均匀加厚坝体，加厚 0.30m，加厚范围从地面高程至坝顶。考虑到本工程为水利风景区，为实现水工建筑物与人文环境、自然环境之间的和谐，在新建混凝土表面采用彩色混凝土印压模。彩色混

图 3.18 溢流堰鼻坎下游面

凝土印压模的形式和颜色由业主确定。

加固后，非溢流坝段下游坝坡在高程 184.03m 以上直立，在高程 184.03m 以下坡度为 1∶0.7。加厚坝体部分混凝土分缝间距 11.3m，分缝处设 15cm × 15cm（深×宽）的排水沟，沟内设 PVC10 排水孔。

左岸非溢流坝段有 2 处横向交通廊道（高程 180.74m 和高程 150.24m），右岸非溢流坝段有 2 处横向交通廊道（高程 184.24m 和高程 147.24m）廊道断面尺寸为 2.50m×3.50m（宽×高）。本次加固需对上述 4 处横向交通廊道进行延长，延长 2.20m。

另外，Ⅳ坝段桩号坝 0+117.00 处有直径 1.2m 的放水钢管，其出口处设蝶阀和锥形阀。本次对放水钢管延长，拆除重建出口阀室，蝶阀和锥形阀拆除更换。新建的锥形阀后设岔管，管径 1.5m，其功能是灌溉和生态用水。

（2）溢流面加固改造。溢流面采用常态混凝土（R_{90}200S6 和 R_{90}250S6）外包，其缺少抗冻指标，且在长期运行过程中，溢流面局部存在表面粗糙、骨料裸露、渗漏及裂缝等现象，故本次加固改造对溢流面局部裂缝进行修补处理，并且在溢流面涂刷 HK－966 弹性聚氨酯涂料进行表面处理，涂层颜色跟周围环境匹配。

HK－966 弹性聚氨酯涂料为近几年推广应用的新型补强材料，从材料本身及近来应用情况分析，其性能、强度等已能满足设计和规程规范的要求，其施工便捷且投资较小。

泄洪闸溢流面涂刷 HK－966 弹性聚氨酯涂料，具体施工工艺为：打磨冲洗混凝土表面；喷涂 HK－G 环氧底胶；喷涂、刮涂 2 道 HK－966 弹性聚氨酯涂料。

第4章 施 工 创 新

4.1 上游坝面防渗面板水下施工

4.1.1 试验段施工

4.1.1.1 试验目的及位置

为了确保上游坝面防渗面板水下施工质量，以试验段技术成果（试验参数）指导上游坝面防渗面板水下施工。施工单位在桩号坝 0＋288.00～坝 0＋294.00 间做了水下施工试验段，宽度为 6m，底部以开挖到的新鲜基岩为准，顶部高程为 164.24m。水下试验段示意图如图 4.1 所示。

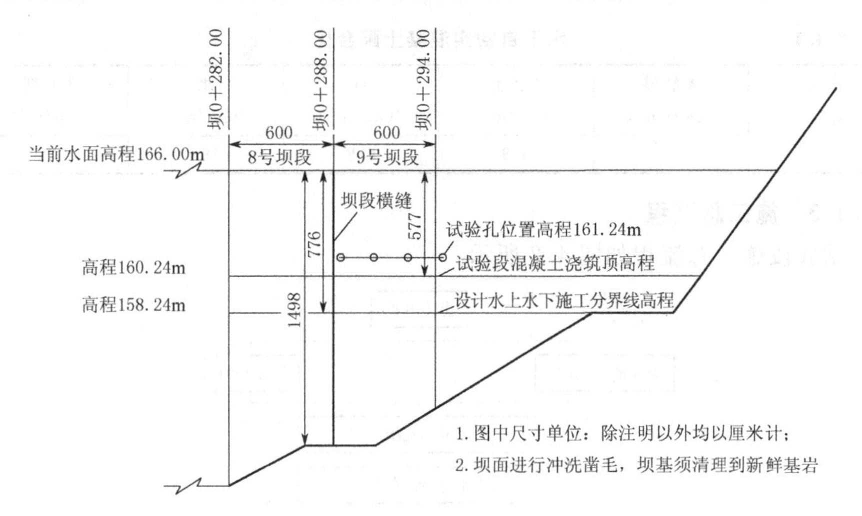

图 4.1 水下试验段示意图

通过试验段来取得水下施工的相关参数，具体参数涉及到：边坡测量放样、裂缝修补、钻孔植筋、锚筋拉拔力、模板安装、水下混凝土浇筑、混凝土试块取样/取芯等。试验段施工完成后，通过对试验过程中取得的各种数据进行分析和总结。

4.1.1.2 施工技术参数

新建上游防渗面板试验段：清洗面积约 60m²，范围在高程 156.00～

165.00m 区间，桩号为坝 0+288.00～坝 0+294.00。

水下清洗凿毛：60m²，土石方开挖：100m³。上游坝面防渗面板水下不分散混凝土性能 C25W8F100。

锚筋参数：采用 HRb400 钢筋，直径 25mm，长 1.2m，锚筋间排距为 2m，插入原坝面深度为 40cm，外露 80cm，锚筋呈梅花形布置。基岩处长 1.5m 的锚筋插入基岩的深度为 100cm，锚筋孔间距为 2m。

钢筋网参数：采用 HRb400 钢筋，直径 16mm，网格尺寸为 200mm×200mm。

模板参数：2.5mm 厚钢板，规格为 6m×9m。

水下混凝土的流动性和配合比应符合《水下不分散混凝土试验规程》(DL/T 5117—2000)、《水下混凝土施工规范》(DL/T 5330—2015) 等的规定。混凝土的配合比必须与导管灌注水下混凝土相适应，混凝土的含砂率一般为 45%～50%，水灰比宜采用 0.5～0.6。为改善水工混凝土的和易性，混凝土中宜掺进外加剂。水下混凝土常用的外加剂有减水剂、缓凝剂等，掺进外加剂前，必须经过试验，以确定外加剂的使用种类、掺进量和掺进程序。试验段水下自密实混凝土配合比见表 4.1。

表 4.1 水下自密实混凝土配合比

水泥 /(kg/m³)	天然砂 /(kg/m³)	人工砂 /(kg/m³)	石 /(kg/m³)	水 /(kg/m³)	外加剂 /(kg/m³)
552	538	359	688	193	6.33

4.1.1.3 施工总流程

试验段施工总流程如图 4.2 所示。

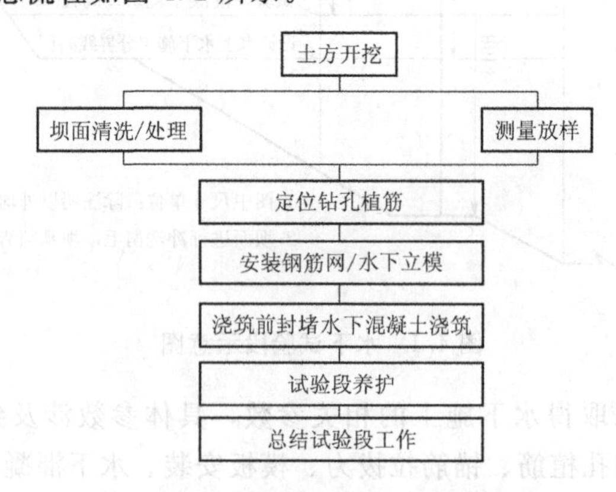

图 4.2 试验段施工总流程

(1) 坝面/基岩处理。使用长臂挖掘机对桩号坝 0+288.00～坝 0+294.00 区间进行堆积物清理，清理宽度至少达到 3m，清理至基岩；若清理深度较深，则应对沟槽进行斜坡处理，避免开挖土方向沟槽方向垮塌。在挖机清理不到或

者清理不动的地方由潜水员进行清理或使用高压水枪进行水下冲洗和液压镐凿除。开挖出的岩石基础进行水下清洗后，须进行水下录像。

坝面使用高压水枪进行冲洗凿毛。在试验段进行坝面仔细检查，若发现水下裂缝，须对水下裂缝进行封堵（使用遇水膨胀橡胶止水条）。

（2）测量放样。在潜水员将基岩各处清理作业完毕后，进行水下测量放样。使用特制测量工装架进行基岩放样，为试验段模板加工提供参数。工装架（图 4.3）由 6m 长的 10 号工字钢为主梁，在工字钢侧边每隔 10cm 焊接一个 $\phi25$ 镀锌管，$\phi25$ 镀锌管长度为 20cm，开有 2 个小孔，在 $\phi25$ 镀锌管内套一根 $\phi15$ 钢管，$\phi15$ 钢管的长度为 6m。

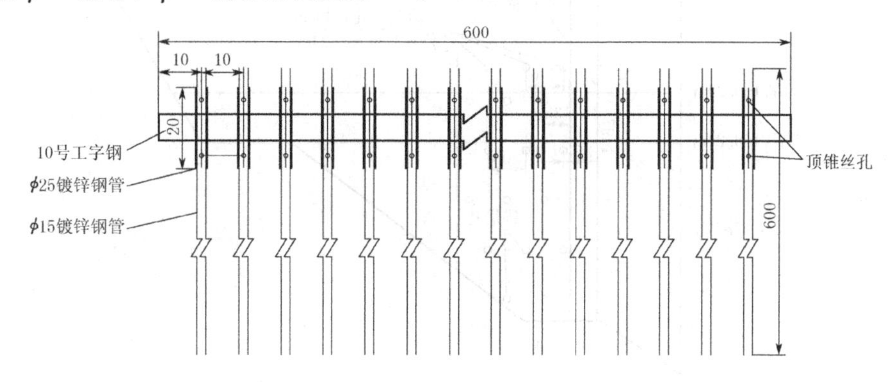

图 4.3 测量工装（单位：cm）

（3）坝面和基岩钻孔植筋。设计要求：锚筋规格 $\phi25$、长 1.2m，植筋深 40cm，锚筋呈梅花形布置；新鲜基岩上设计要求植筋深 100cm，锚筋规格 $\phi25$、长 1.5m。在原坝面进行定位钻孔，钻孔间排距为 2m，钻孔深 40cm，钻孔植筋 40mm。在新鲜基岩上进行钻孔，钻孔孔位布置间距为 2m，钻孔深 100cm，新建混凝土面板与基岩面连接如图 4.4 所示。

在钻孔结束后，使用压缩空气和高压水进行清孔作业，保证孔内无混凝土浮渣。再使用填孔器具往孔内填充适量的锚固剂，然后插入 $\phi25$ 锚筋，在插入时应沿着一个方向转动，直至锚筋插入孔底，转动使锚固剂充分与锚筋和孔壁贴紧，从而达到增加锚固力的作用。

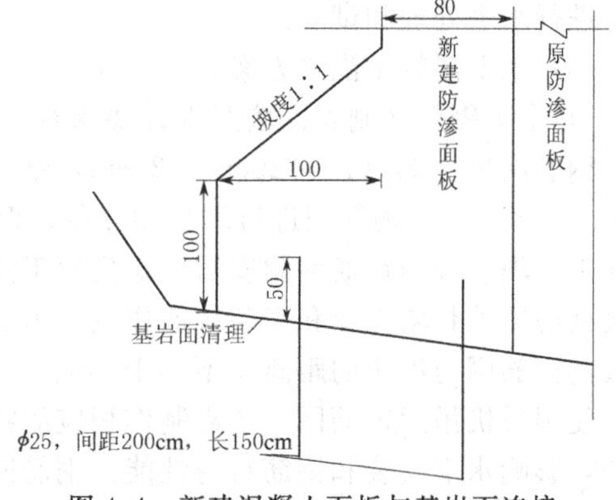

图 4.4 新建混凝土面板与基岩面连接（单位：cm）

(4) 锚筋拉拔试验。在试验段钻孔4个，孔径为40mm，孔深100cm和40cm各2个，孔位所处高程为161.24m，孔间距为2m。锚筋采用ϕ25，长度分别为1.5m和1.2m的锚筋各2根，锚筋插入孔底，外露长度为50～80cm，锚筋锚固采用树脂锚固剂。水下钻孔植筋示意图如图4.5所示。

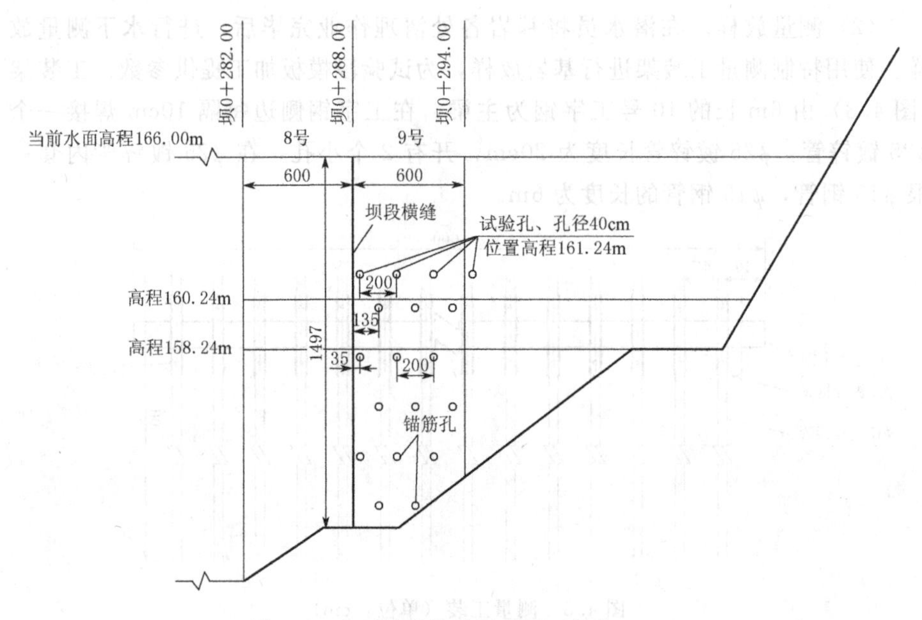

图4.5 水下钻孔植筋示意图（单位：cm）

当水位高程控制到158.24m时，进行锚筋的抗拉拔试验。试验采用双千斤顶向上抬的方法，借助油泵通过油管和一个三通向千斤顶进行加压，记录压力表读数和测微表（百分表）读数，双千斤顶向上抬的合力即为施加在锚筋上的拉拔力。此试验方法按照地面锚筋拉拔试验进行，具体实施还应对设备、表压等进行水密处理和试验。

(5) 水下混凝土浇筑方案。

1) 水下钢筋网制安。按照设计要求选材后，钢模板组对钢筋进行加工处理，钢筋网规格为ϕ16@20cm×20cm，钢筋网安装位置与面板横缝间距为5cm；在地面上对钢筋网进行绑扎和分段，根据潜水测量放样对钢筋网进行设计加工。坝坡段的钢筋网制安需考虑到便于潜水员进入模板内进行模板与基岩搭接处的空隙封堵作业和安装拉筋作业，为了保证潜水员顺利安全地实施，坝坡段的钢筋网与堤角的距离应不小于1m。

使用吊机吊运钢筋网，还需制作相应的特殊吊排，避免导致钢筋受力发生形变，影响水下安装和钢筋自身性能。钢筋网下放到指定高程后，潜水员水下通过电话指挥水面吊运机械，水上水下配合将钢筋网挂放至锚筋上，使钢筋网安装在满足设计要求的位置上。潜水员在水下临时用扎丝将钢筋网与锚筋进行

绑扎，在整个仓面内的钢筋网安装到位后，潜水员利用水下电焊进行钢筋网和锚筋的点焊连接。焊材采用天津大学的 T202 水下焊条，焊机使用上海通用 ZX7-500S 的逆变式直流焊机。

2）水下模板设计制安。根据试验段的测量放样对模板进行现场切割加工，水下模板首先在地面进行试拼装，潜水员须全程参与模板的试拼装，让潜水员熟悉整个安装流程，从而在水下安装时达到安全高效的施工。

模板采用钢模，支模系统由基岩和竖直片状钢桁架和锚固在原混凝土上的对拉螺杆组成。每个单元支模单片桁架尺寸为 6m×3m×58mm（长×高×厚），重量为 510kg。将 2.5mm 厚钢板折成 1m×1.5m×30mm 的块，插入模板支架槽内。

根据设计要求坝坡段的混凝土需浇筑出一个堤角，沿着上游方向延伸 1m，竖向方向 1m。基岩和模板的连接需做特殊处理，防止水下混凝土浇筑时模板的变形，具体方法为：将基岩上的植筋或在坝角上钻孔植筋，作为底部模板的拉筋受力点；在模板内部焊接吊耳，使用法兰螺丝将吊耳及锚筋串联；在 1m 高模板外部钻孔植筋，植筋深度为 40cm；在锚筋与模板之间斜拉一长条工字钢，作为模板外部支撑，防止胀模。模板系统由模板支架和模板组成，二者之间采用螺栓连接，立柱上拉杆螺丝与植筋钢筋栓接插式结构，在模板支架上焊有角钢作为模板承插槽。单元模板长 6m、高 3m，设置 ϕ15 拉筋，安装在坝坡段底模上部，组成试验段模板（图 4.6）。

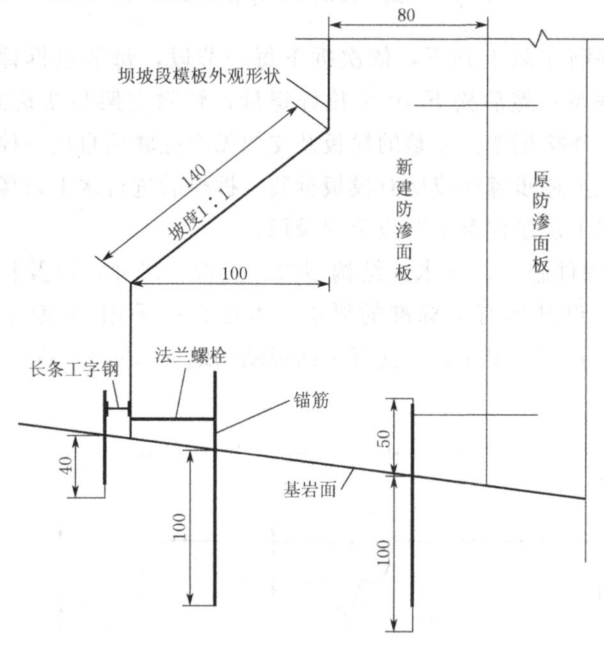

图 4.6 试验段模板（单位：cm）

侧模板分为两种结构形式（图 4.7），一种为无止水铜片，这种结构边楞直接顶住旧混凝土坝面，结构简单，为加强刚度用铁丝绑扎到模板拉筋上。第二种为有止水铜片侧模板，将支模楞一分为二夹住止水铜片，然后用斜契顶住旧混凝土面，模板与支模横档钉成一体。

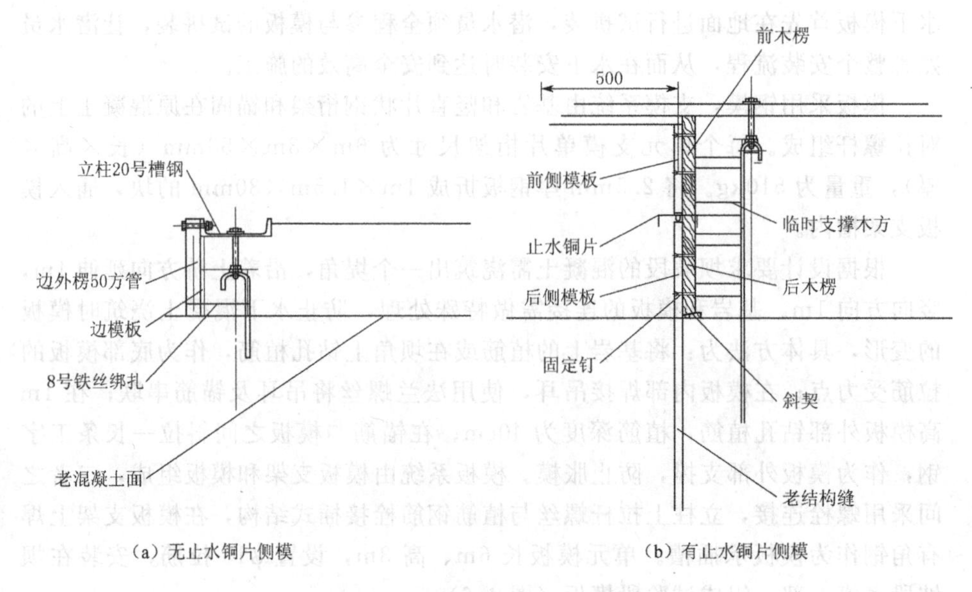

图 4.7 试验段侧模（单位：mm）

模板的拆除顺序从上到下，依次拆下每一节段，每节段拆掉 M12 螺栓，解除上下立杆联系；然后松下 10 个拉杆螺母，解除支架与新筑混凝土联系，最后拆下节段间连接桁架。完整的模板及支架无牵扯联系自成一体，撬棍撬松吊装出水。按照上述步骤完成所有模板拆装。拆模后进行水下录像，检查混凝土浇筑效果。水下浇筑混凝土时应全程录像。

3）水下预埋件施工。止水片结构型式、位置、尺寸，以及材料品种、规格、性能应符合设计和有关标准的要求。本项目中采用 W 型止水铜片（图 4.8）。根据设计要求，须在新建混凝土面板结构缝中（宽 2cm）嵌填低发泡塑料板。

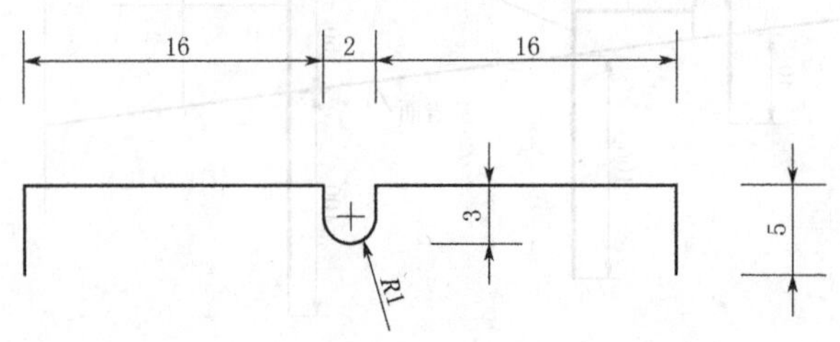

图 4.8 止水铜片示意图（单位：cm）

施工前检查止水片表面的平整度，表面的污物应清除干净，对铜片的砂眼、裂纹应进行处理。

止水铜片的安装由模板加紧定位、支撑牢固，当铜止水片位置定位后，应在其鼻子空腔内填满塑性材料。新建面板结构缝中先行安装止水铜片和嵌填低发泡塑料板。当混凝土满足强度设计要求后在面板表面结构缝处进行封闭处理。

4）水下混凝土浇筑（埋管法）。

a. 水下不分散混凝土的材料性能。采用清华大学的水下不分散自密实混凝土技术进行水下浇筑，以此简化施工，强化质量控制。

水下不分散自密实混凝土施工技术是利用水下保护剂对施工部位的水体进行改性，使改性水体与自密实混凝土间产生一定的相斥作用，降低水流对混凝土的冲刷，从而提高混凝土水下的抗分散和抗冲散能力，减少其在水流环境中的流失，确保工程质量的可控性，其工艺原理如图4.9所示。

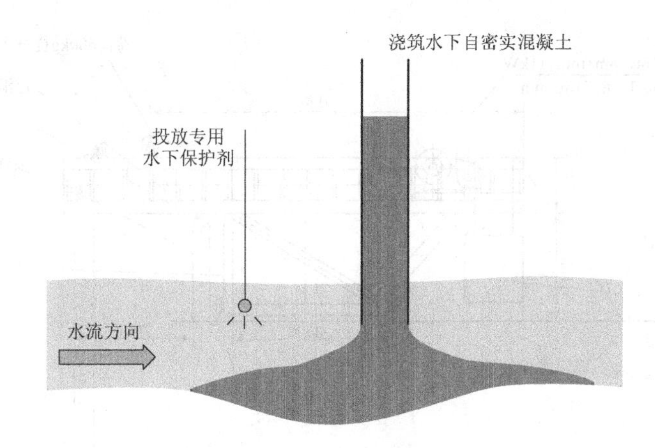

图4.9　水下不分散自密实混凝土工艺原理

b. 浇筑方法及工序。水下混凝土浇筑采用埋管法施工。浇筑时将ϕ22cm导管下放到距基底面20cm位置，放出临时堵管小球，混凝土依靠重量流出，迅速在管口附近堆积，并且将管口埋住，当管中混凝土重量与外水压平衡时，混凝土不再流出，这时管口被埋1～0.7m。当导管向上提60cm左右，混凝土又继续流出。以上动作要循环，直至混凝土浇筑到指定高程。

从以上埋管工作原理可以知道：为了保证浇筑顺利，导管内必须有一定余料混凝土以平衡管外水压，导管只能上下移动，要保证管内有持续不断的混凝土供应。

为了保证以上工艺要求，设计了三大系统：提管系统、料斗导管系统的固定移动系统和混凝土供应系统。

提管系统提管动作采用坝顶安装卷扬机牵拉钢丝绳的方法或者直接在坝体

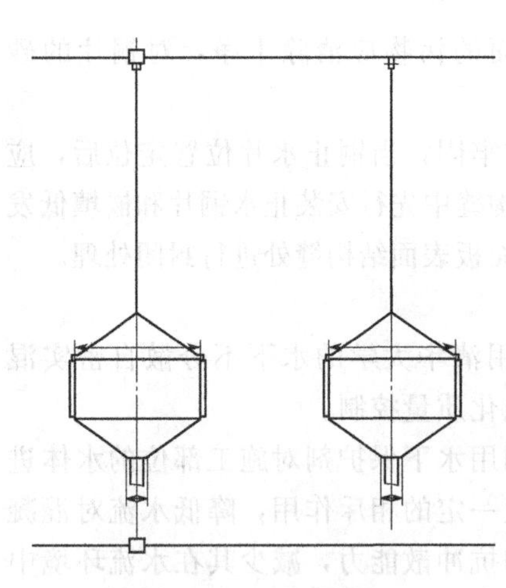

图 4.10 提管系统

上植锚筋，采用电动葫芦提升。

根据试验段宽度采取在 6m 的浇筑长度内布置 2 根导管，2 根导管中心距为 3m，在每个导管上端安装 $2m^3$ 存料斗。提管系统如图 4.10 所示。

每个料斗重 600kg；15m 长的导管重 221kg；装满 $2m^3$ 混凝土后重 4800kg，总重 5621kg。采用 7t 卷扬机，1 只动滑轮组，即可以承受该重量。

因为坝面全长 200m 左右，为方便移动卷扬机，吊架要放置在移动小车上。料斗导管系统如图 4.11 所示。

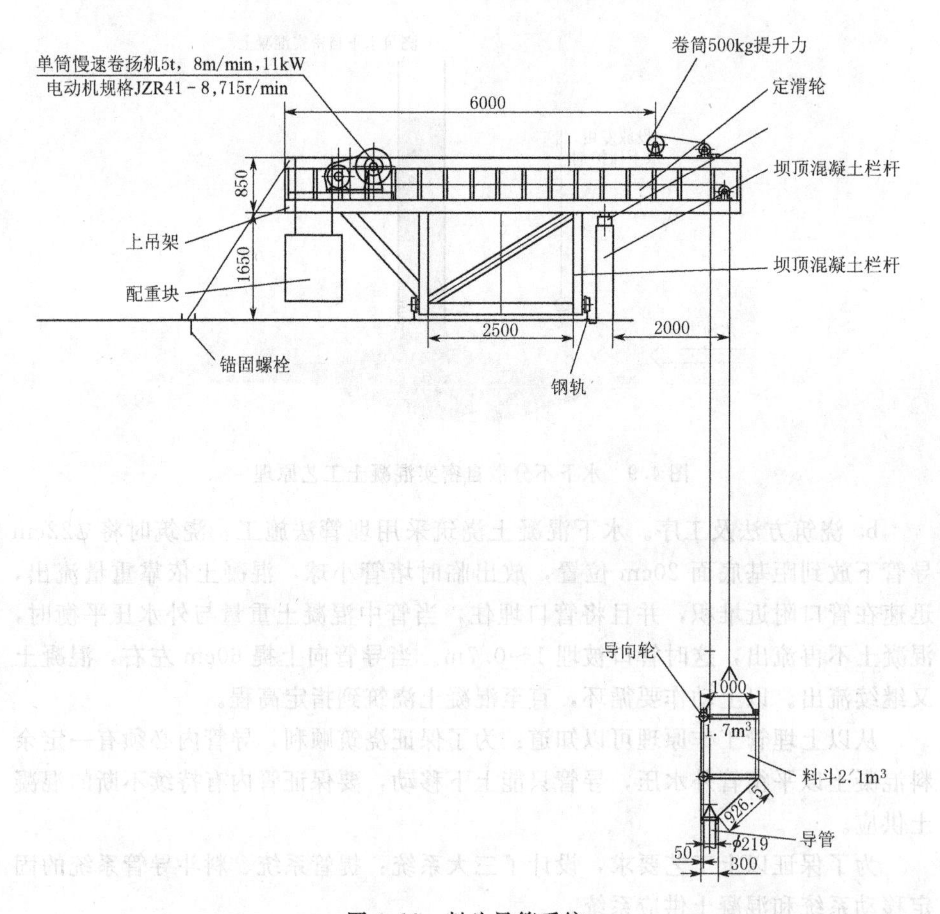

图 4.11 料斗导管系统

以上提升系统共2套，用型钢连接，保证导管中心距为3m。为了防止移动小车翻覆，采用配重加锚固的办法解决。

料斗导管系统的固定移动系统为将2个料斗安装在1个浮力大于8t的浮筏上，筏体由密封钢管和油桶组成。工作人员能在此平台处理堵管或清理作业。浇筑时将浮筏与坝体锚固。

混凝土供应系统包括导管、料斗、混凝土罐车等。

本试验段的混凝土采用商品混凝土供应。在商品混凝土厂拌制好掺有外加剂的自密实混凝土后运至坝顶。第一道浇筑，每个料斗装$2m^3$，提管1次斗内混凝土料用完。续料方案：利用导管上方$2m^3$料斗作为混凝土浆料提升料斗。只需要用快速接头将导管与料斗分离，续料时用卷扬机将空料斗提升到坝顶；用泵车将混凝土浆料注入料斗，装满后放下并且与导管相接，同样步骤注满整个2套导管料斗；打开导管与料斗间的阀门，混凝土注入导管开始浇筑，斗内混凝土料用完后，再提升料斗去坝面续混凝土料。重复以上步骤，直至混凝土浇筑完毕。料斗提升混凝土浆料系统如图4.12所示。

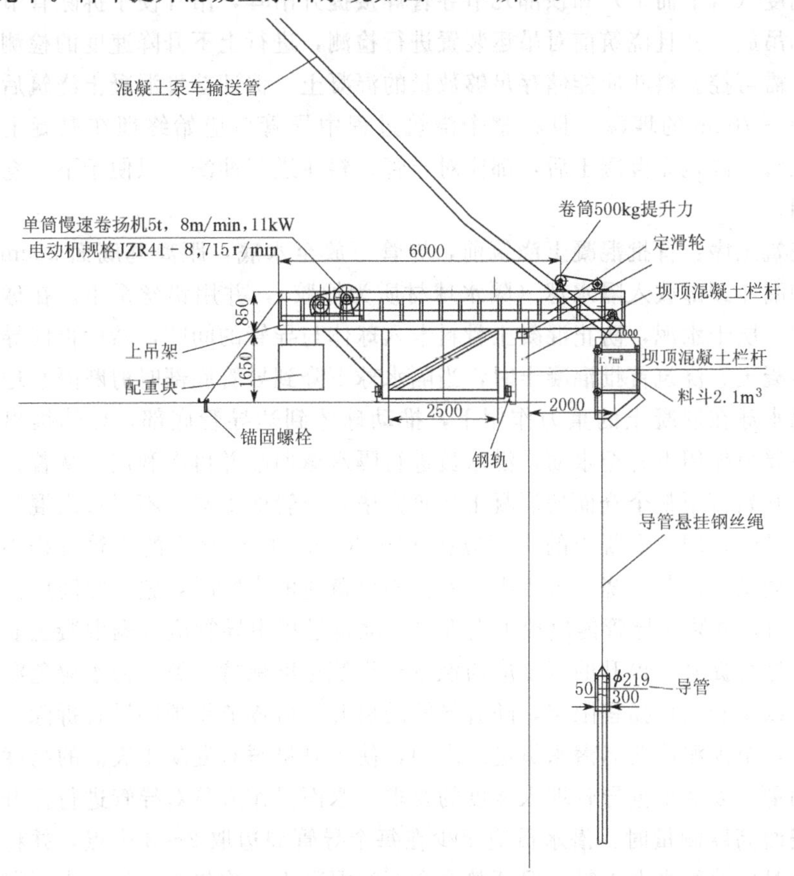

图4.12　料斗提升混凝土浆料系统

该试验段水下混凝土浇筑是2根导管中处于低处的导管先进行浇筑作业，当低处混凝土面最高点接近第2根导管口高程时，第2根导管料斗开始进行混凝土下放。混凝土的水平运输采用混凝土罐车运输方式，通过罐车出料口，将料斗装满，然后通过搭建在坝面上的料斗提升混凝土系统将装满混凝土的料斗下放到水面，进行下一次的混凝土下放至浇筑仓内。

浇筑前须将袋装长条的干水泥放入模板与基岩裂缝处，作为模板和挤压搭接处的防跑浆措施。

水下导管采用钢管，主要有料斗、导管和隔水球组成。试验段仓面设置2根直径为220mm的导管，其中一根长度至少为15m，另一根长度约为12m。为了应对施工中的突发状况，配备一套应急导管。导管在浇筑前须进行试拼装、试压，不得漏水，对于每节导管接头处加强监测，导管接头采用快速接头。对导管进行编号，自上而下的导管长度不一，料斗下方的导管采用1m制，便于拆卸；中间的导管采用2m制，最后一节导管采用3m制。导管上做标识刻度（自上而下）和顶部几节导管焊接提升吊耳，吊耳便于拆除管节时的提升和吊放。并且浇筑前对吊运装置进行检测，进行上下升降速度的检测，升降速度需可控。料斗应能储存足够数量的混凝土，保证首批混凝土浇筑后导管应有40～70cm的埋深，且在整个浇筑过程中导管口应始终埋在混凝土面之下。在每次浇筑完混凝土后，都应对导管、料斗进行冲洗，以便于下一仓面浇筑使用。

浇筑工序：首批混凝土浇筑前，导管下放至水底，距离基底面20cm。在导管和漏斗颈部放入隔水球（隔水球材质为橡胶），并用铅丝系牢。在球体上方散铺一层干水泥，防止混凝土骨料卡入球体与导管的间隙，然后再向导管内浇入混凝土。浇筑首批混凝土时，当隔水球下降到导管底部时剪断隔水球的铅丝，隔水球在混凝土的重力作用下，推动球体到达导管底部，球体推出导管后，在浮力作用下升至水面，潜水员进行隔水球回收并再次利用。从首批混凝土浇筑开始直至整个仓面的混凝土浇筑完毕，导管的下端口不得拔出混凝土表面，且导管口埋入混凝土的深度应在40～70cm。整个仓面的浇筑过程中，混凝土连续供应，若在浇筑过程中，发生不可避免的中断时，整个时间应控制在30min内，并防止导管内出现出空现象。浇筑过程中导管应根据混凝土表面的上升而进行提升，提升的速度应与混凝土浇筑速度保持一致。为了避免漏斗提升过高以及卷扬机扬程限定，随着导管的提升，可逐节将顶部导管拆除。浇筑过程中，至少派遣两名潜水员进入水中，使用测量锤对混凝土表面的高度进行实时测量，以及根据导管埋入深度的要求，水面操作人员对导管进行提升。混凝土表面高度测量时，潜水员应至少在每个导管周边取2～3个点，并将测量数据及时反馈给水上人员，保证整个仓面的混凝土是均匀上升的，水下混凝土

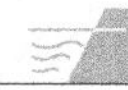

浇筑过程示意图如图 4.13 所示。

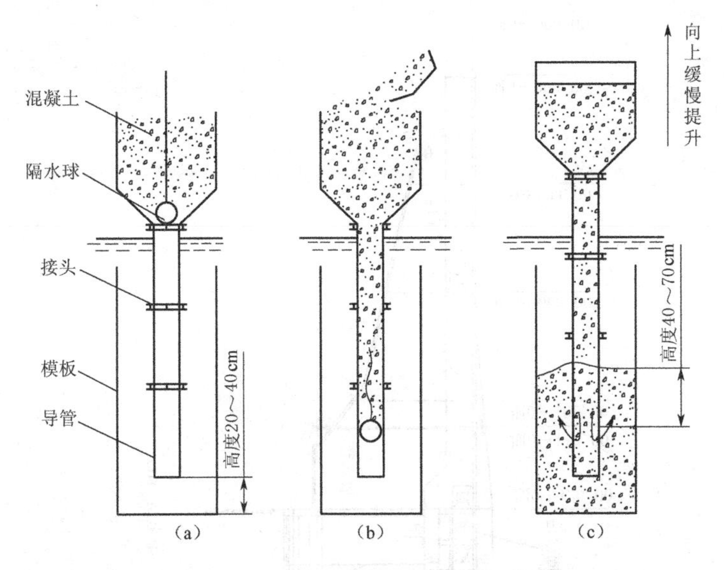

图 4.13　水下混凝土浇筑过程示意图

在浇筑首批混凝土时，导管位置应如图 4.13（a）所示，在确认初灌量备足后，即可打开封闭阀［图 4.13（b）]，灌进首批混凝土进行封底，混凝土封底时，导管埋深控制在 0.7m 左右。首批混凝土灌注正常后，必须连续进行，不得中断。同时在灌注过程中，应经常用测锤探测混凝土面的高度，确认导管埋深，并适时提升、逐节拆卸导管，保持导管的埋深如图 4.13（c）所示。其中在灌注过程中拆除导管时要保证竖直吊拆不晃动，并缓慢进行。禁止导管在仓面内横向移动。

施工单位于 2017 年 11 月 21 日开始试验段施工的准备工作，2017 年 12 月 28 日完成试验段施工，完成混凝土浇筑 57m³。试验段完成后，通过水位下降后的观察和检测，其效果较好，质量指标达到设计要求。

4.1.2　水下面板施工

设计内容为：在上游坝面新建 C25W8F100 混凝土防渗面板，沿上游坝面设置，最低高程 125.00m。水下浇筑面板混凝土施工由高程 125.00m 处垂直浇筑至高程 128.33m，高程 128.33 以上沿着原坝坡均匀浇筑厚 0.80m 的混凝土。高程 125.00～128.33m 面板直立，板厚 30～80cm；高程 128.33～148.27m 坡度为 1∶0.15，板厚 80cm；高程 148.27m 至坝顶 158.24m 为直立，板厚 80cm。混凝土面板设一层 ϕ16@20cm×20cm 钢筋网，新建的混凝土面板横缝位置及间距与原面板一致，面板分缝间距为 17.00m，缝宽 2cm，缝内设铜片止水一道。大坝平面、立面、剖面分别如图 4.14～图 4.16 所示。

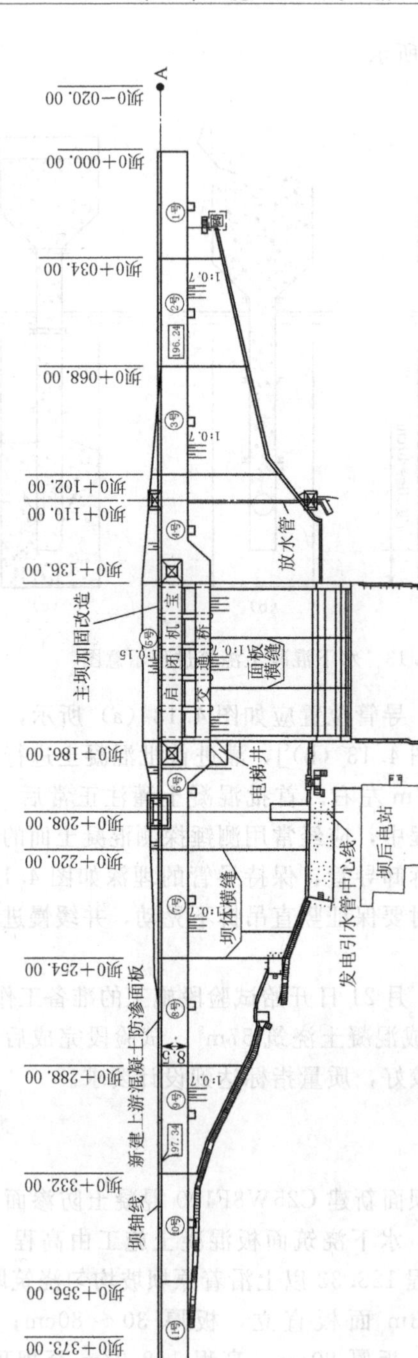

图 4.14 拦河主坝加固平面布置示意图（单位：m）

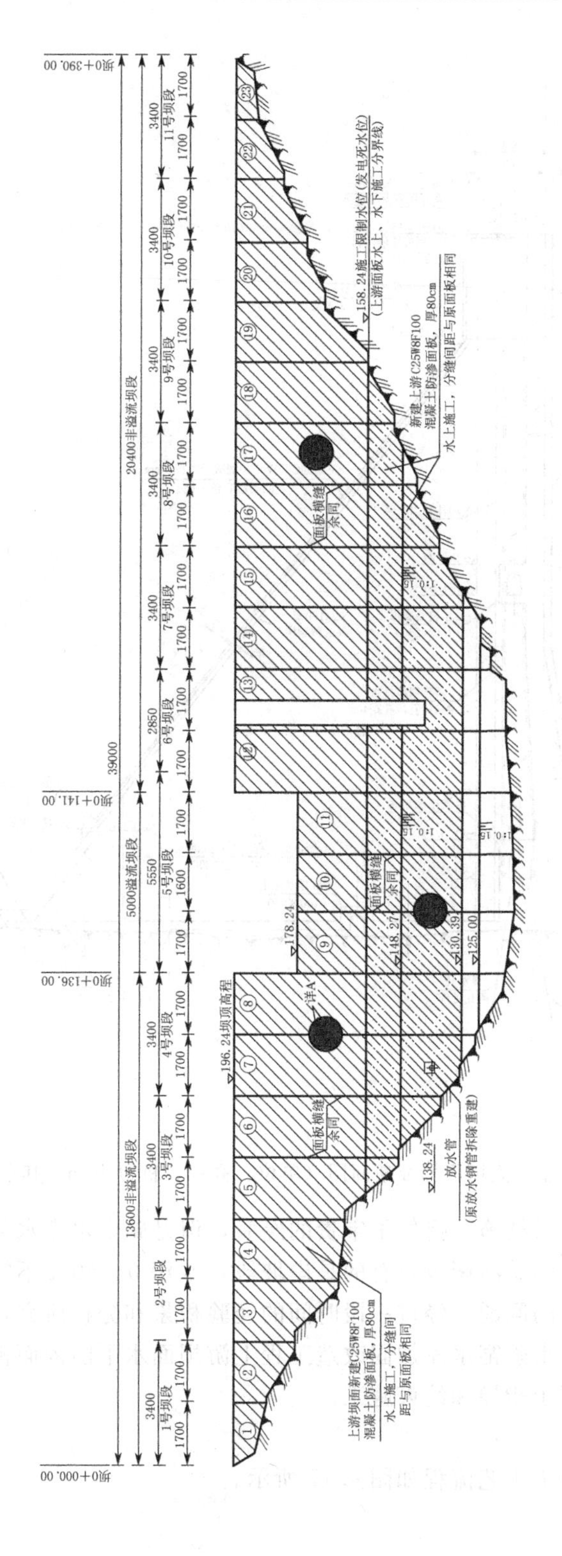

图4.15　拦河主坝上游新建防渗面板立视图（单位：高程、桩号为m，其余为cm）

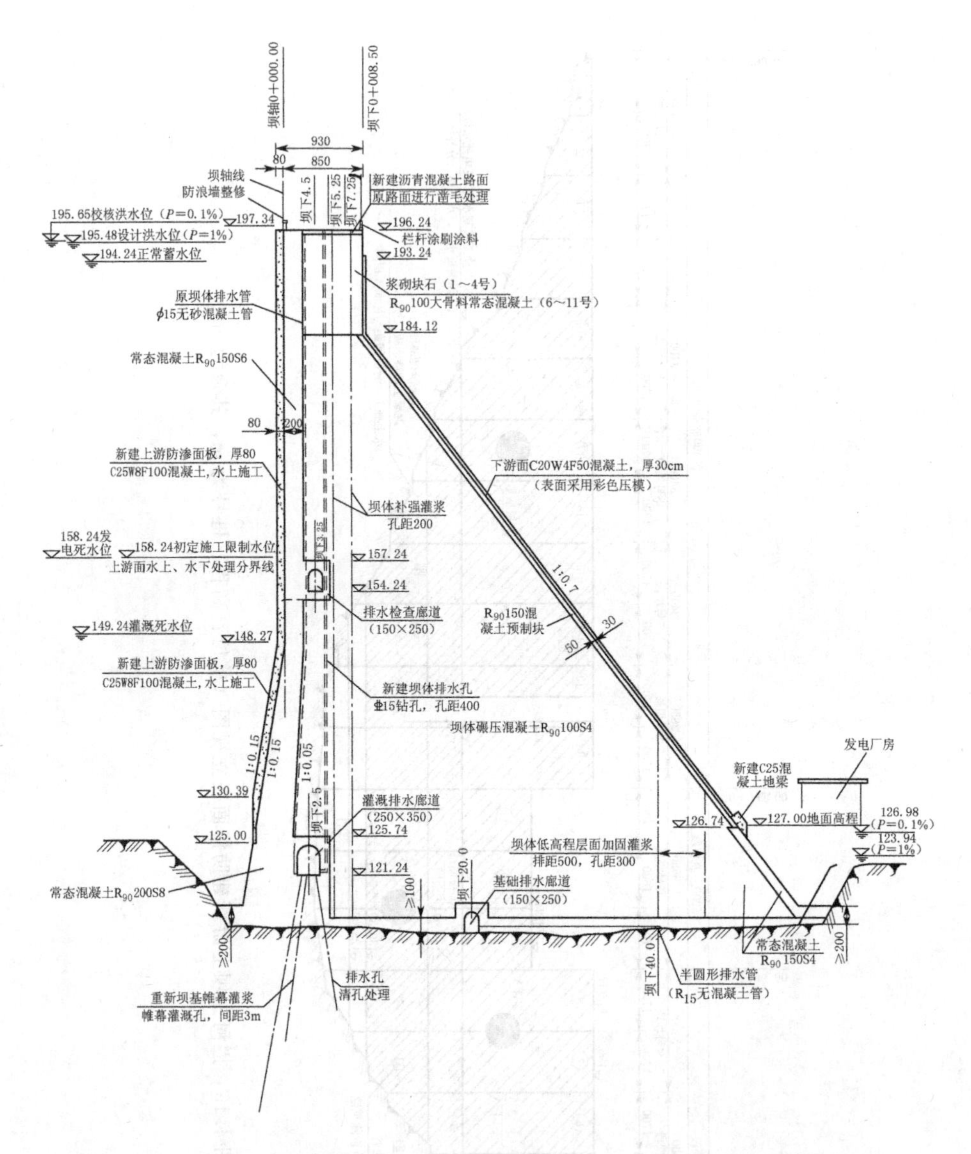

图 4.16 拦河主坝非溢流坝段标准断面图（单位：高程、桩号为 m，其余为 cm）

试验段的施工为后续施工提供了宝贵的经验，但是碗窑水库水下面板各个坝段有明显差异，有的是河床段，有的是岸坡段，水深 0～40m 不等，施工中更是碰到了许多复杂的问题。经过一段时间的经验积累和分析研究，各参建单位共同编制了《江山市碗窑水库加固改造工程上游坝面水下防渗面板施工工艺及质量控制要求》用于指导和约束施工。

4.1.2.1 工艺流程

水下防渗面板施工工艺流程如图 4.17 所示。

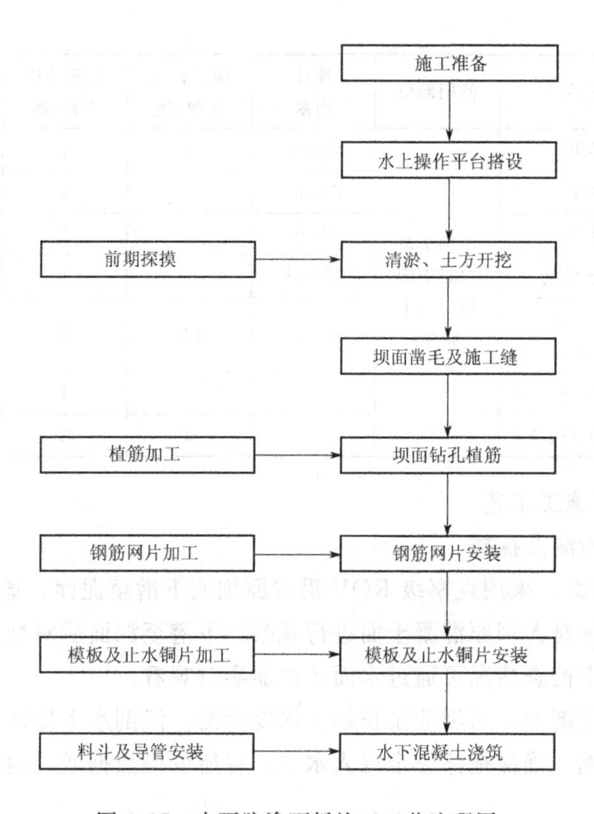

图 4.17 水下防渗面板施工工艺流程图

4.1.2.2 原材料及中间产品检测

原材料及中间产品检测分为施工单位自检、监理平等检测和法人委托的第三方检测，见表 4.2。

表 4.2　　材料检测试验计划表

序号	材料名称	使用部位	预计用量	施工自检次数/次	监理平检次数/次	第三方检测次数/次
1	水泥	主坝上游混凝土面板（水下部分）	2000t	5	1	1
2	黄砂（机制砂）		2690t	2	1	1
3	黄砂（天然砂）		1795t	2	1	1
4	碎石		3500t	2	1	1
5	钢筋		100t	2	1	1
6	锚筋拉拔		1290 根	6	5	3
7	粉煤灰		530t	3	1	—
8	外加剂		32t	1	1	—

续表

序号	材料名称	使用部位	预计用量	施工自检次数/次	监理平检次数/次	第三方检测次数/次
9	止水铜片	主坝上游混凝土面板（水下部分）	420m	1	1	1
10	SR 盖片		210m^2	1	1	—
11	SR 填料		420m	1	1	—
12	低发泡塑料板		321m^2	1	1	—
13	混凝土试块（抗压）		5000m^3	120	15	机口取样1组，实体取样检测3组
14	混凝土试块（抗冻）			3	1	1
15	混凝土试块（抗渗）			3	2	1

4.1.2.3 主要施工工艺

（1）前期检测及探摸。

1）施工方案。采用观察级 ROV 沿着原坝面下潜至泥面，通过 ROV 搭载的水下摄像系统对大坝原混凝土面进行观察，下潜至泥面后对坝前淤积物进行观察录像，水下检查情况可通过水面监视器实时观看。

采用浅地层剖面仪对坝前淤积物的深度检测，浅剖水下拖体悬挂在水上作业平台靠上游侧，确保拖体完全浸入水中，将所取得数据通过内业处理得到最终测量结果。

2）所用设备及性能。

a. ROV 设备：型号为 Seamor Chinook，Chinook - RO（图 4.18），采取开架式的结构设计，是多个功能模块的有机集成。主要结构包括：推进器、电子舱、照明灯和相机、浮体和配重；主要技术特征：空气中的重量为 33kg（空载），最大工作水深 300m，航速 3 节，功耗 750W（最大负荷）。

b. 浅地层剖面仪：型号为 Edgetech - 3100P（图 4.19）。主要性能参数：调频范围（Frequency）2～16kHz；可调脉冲（Pulses）2～15kHz，2～12kHz，2～10kHz；垂向分辨率（Vertical Resolution）6cm/(2～15kHz)，8cm/(2～12kHz)，10cm/(2～10kHz)；穿透能力（Penetration）砂质 6m，泥质 80m；幕宽（Beam width）17°/(2～16kHz)，20°/(2～12kHz)，24°/(2～10kHz)；质量（Weight）76kg；最大水深（Operating Depth－Max）300m；工作速度（Tow Speed）可选 3～4knots，最大不超过 7knots。

3）工艺控制要点。①在 ROV 下潜至泥面过程中应控制其速度，保证水质的能见度，确保摄像的清晰度；②在 ROV 执行水下检测作业时，应避开发

图 4.18 ROV 设备

图 4.19 浅地层剖面仪

电引水口和取水管进水口所在坝段，避免因压力差造成设备损坏；③浅地层剖面仪在执行扫测作业时，需控制水上平台的移动速度，不宜过快和过慢，避免造成数据取点误差；④浅地层剖面仪的水下拖体应和坝面保持一定距离，避免大坝坝体本身对浅剖数据采集造成干扰。

4）检测结果。在水库最深段的两侧边坡，其堆积厚度不均匀，从图像上来看堆积体成分与底部相近。大坝下水底上有堆积体，淤积的厚度较厚，且不同的地点有所差异；从图像上初步判断，堆积物可能含有大小不等的基岩（如砾石）成分。

（2）坝底清淤及土石方开挖。

1）施工方案。对距坝面 2.5m 范围内的堆积物表面进行清淤开挖，采取的措施如下：①采用长臂挖机开展开挖工作；②采用 16MPa 的吸泥泵进行表面吸泥；③用气力提升系统将乱石及小碎石吸除；④由潜水员进行表面的块石清理。坝基清理施工如图 4.20 所示。

施工单位于 2017 年 11 月采用长臂挖机开展试验段开挖工作，在高程 162.00～158.00m 处进行坝基前堆积物开挖，直到挖机无法继续向深处开挖为止，之后采用吸泥泵和气力提升系统进行清理，最后由潜水员在水下清理松散石块，取得了较好的开挖效果。

2）所用设备及性能。

a. 长臂挖掘机：臂长 22m。

b. 气力提升系统：10m^3空压机 2 台套；1500L 储气罐 1 只；吸泥管直径 30cm，长度可随水深调整。

3）施工质量检查标准及检查方法。坝底处理检查标准见表 4.3。

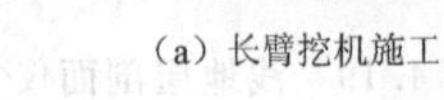

(a) 长臂挖机施工

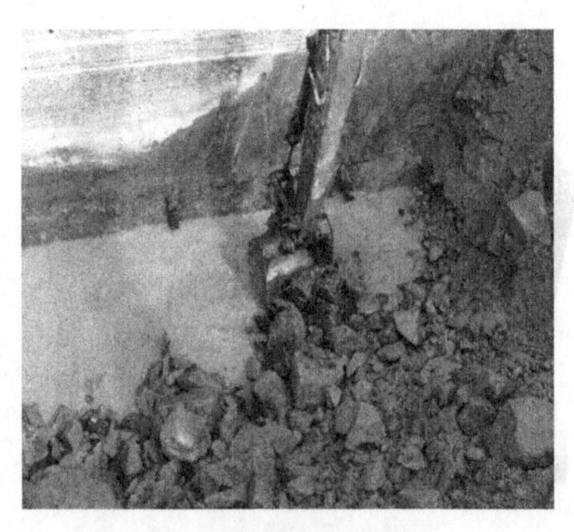

(b) 石方开挖施工

(c) 气力提升系统吸泥施工

图 4.20 坝基清理施工

表 4.3 坝底处理检查标准

项次	检查项目	质量要求	检查方法	检查数量
主控项目	基础开挖	清理至坚硬层面，清除松动岩石	潜水员水下观察，进行水下录像	全数
一般项目	基础面清理	符合设计要求；清洗洁净，无淤泥、无积渣杂物		

4）安全控制要点。长臂挖机作业，先夯实挖掘机停留位置基础，防止作业时滑坡，造成设备人员安全事故。

气力提升系统清淤时，吸泥管出泥口朝向上游，远离水上作业平台，防止吸出的石块砸伤工作人员和设备。

（3）坝面凿毛及施工缝处理。

1）施工方案。采用高压清洗机（工作压力 50MPa），由潜水员对坝面和施工缝进行冲洗凿毛，直至清除到裸露卵石为止。

2）所用设备及性能。高压清洗机（图 4.21）：最大工作压力 50MPa，功率 9.5kW，外形尺寸为 1380mm×510mm×970mm，储气罐容积 230L，公称流量 1.05m^3/min，质量 250kg。KMB－28 潜水面罩：质量 11 磅，面罩结构高强塑，操作压力 115～225psi（约 8～15kg），气流要求 3.2CFM，采用 SuperFlow 调节器。潜水脐带：气管最大工作压力 5000psi/35kg；气管最大耐压：4000psi/276kg；内径：9.53mm，外径：18.5mm。

图 4.21　高压清洗机

3）施工质量检查标准及检查方法。坝面处理检查标准见表 4.4。

表 4.4　　坝面处理检查标准

项次	检查项目	质量要求	检查方法	检查数量
主控项目	老坝混凝土表面处理	基面无乳皮，成毛面，微露粗砂	潜水员水下观察，进行水下录像	全数
	施工缝处理			
一般项目	缝面清理	清洗洁净、无淤泥、无积渣杂物		

4）安全控制要点。①潜水员进行水下作业前，应对潜水供气设备、潜水装具再次进行确认检查，潜水监督确认潜水员身体是否胜任此次作业；②潜水作业完成后，潜水员需按照潜水监督制定的减压计划进行减压，防止职业病的发生；③使用高压水枪进行清洗时，枪头禁止朝向他人、设备和操作者自身。

5）施工缝处理后的效果。施工缝处理如图 4.22 所示。左侧坝面偏暗是没有经过高压水清洗的，右侧坝面明亮漏出卵石的是经过高压水冲毛后的效果。

(a) 坝面冲毛施工

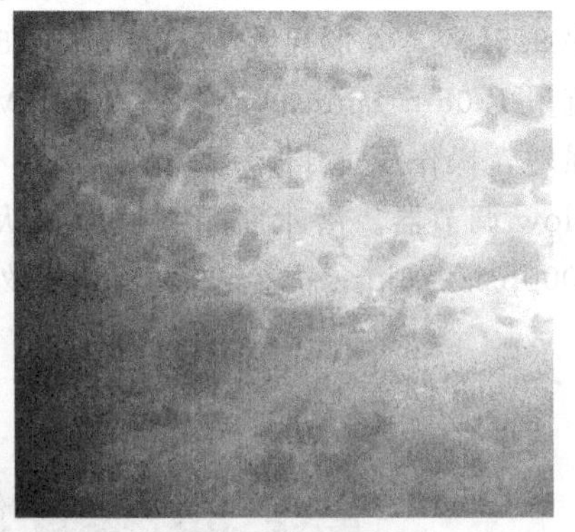

(b) 水下冲毛效果

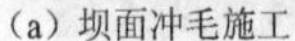

(c) 坝面冲毛效果对比

图 4.22 施工缝处理

(4) 坝面造孔及植筋。

1) 施工方案。钢筋模板组根据设计要求进行锚筋的先期加工制作，前期同时进行锚筋抗拉拔力的试验（设计植筋的抗拉拔力不小于 100kN），然后根据钻孔直径和锚筋直径的大小，试验算出孔深分别为 40cm 和 70cm 需填充的合适锚固剂量（每个孔约 30mL 和 55mL）。

潜水员探摸到水下待植筋位置，由技术员采用测绳（重锤）计算好高程位置的精确定位。采用直径 38mm 的钻头施钻；垂直坝面钻进，并在钻杆上标记长度（40cm、70cm）来控制钻孔深度。钻孔结束后，使用空气压缩气管清除锚筋孔内的混凝土渣屑，而后使用注浆器具往孔内填充水下专用胶，然后插入 $\phi25$ 的锚筋，在插入时应沿着一个方向转动，直到锚筋插入孔底，转动使锚固剂充分与锚筋和孔壁贴紧，从而达到增加锚固力的作用。

2) 坝面造孔设备如图 4.23 所示，坝面植筋施工如图 4.24 所示。

3) 施工质量检查标准及检查方法。造孔植筋检查标准见表 4.5。

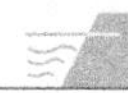

(a) 液压钻孔机　　(b) 液压动力站

图 4.23 坝面造孔设备

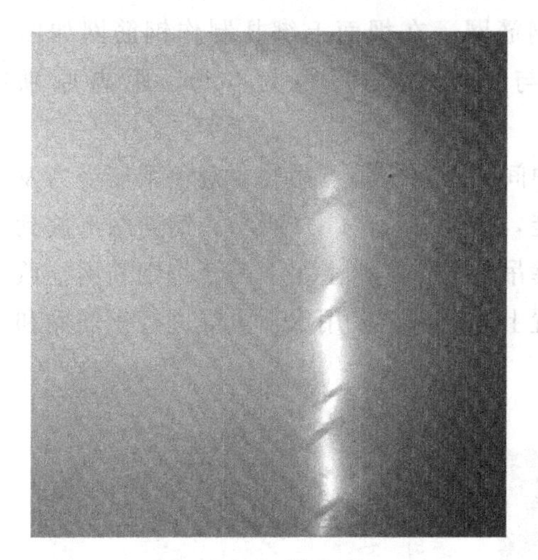

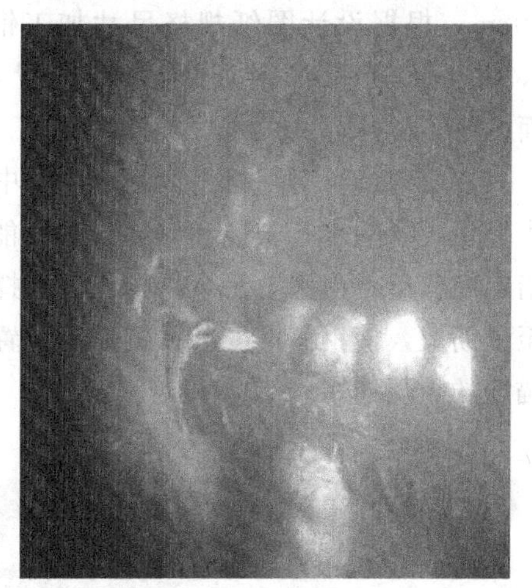

(a) 水下钻孔　　(b) 水下植筋锚固

图 4.24 坝面植筋施工

表 4.5 造孔植筋检查标准

项次		检查项目	质量要求	检查方法	检查数量
主控项目	1	钻孔深度	高程 133.39m 以上≥40cm；高程 133.39m 以下≥70cm	潜水员水下量测，拍摄水下录像	3 根/浇筑块
	2	抗拔力	≥100kN	拉拔仪检测	1 组/坝段

续表

项次		检查项目	质量要求	检查方法	检查数量
一般项目	1	植筋长度	高程133.39m以上≥120cm；高程133.39m以下≥150cm	水上尺量	3根/浇筑块
	2	植筋间距	高程133.39m以上≤200cm；高程133.39m以下≤150cm	水下尺量	3根/浇筑块
	3	注胶饱满度	洞口溢胶	摄像、观察	3根/浇筑块
	4	钻孔直径	≥38mm	钻头直径控制	—

4）安全控制要点。钻孔作业时，潜水员需整理好自身供气软管和液压管，防止绞缠；潜水作业时，应确保供电正常，防止电源中断。

（5）钢筋网制作安装。

1）施工方案。对钢筋进行加工处理，钢筋网规格为ϕ16@20cm×20cm，根据设计图纸规格尺寸加工钢筋网，在坝面上绑扎制作钢筋网如图4.25（a）所示，钢筋网安装位置与面板分缝间距为5cm，距离原坝面70cm。

使用现场自有吊机吊运钢筋网，中间采用两个吊点吊装，避免钢筋受力发生形变，影响水下安装和钢筋自身性能，如图4.25（b）所示。钢筋网下放到指定高程后，由水上平台指挥人员指挥吊装工作，水上水下配合将钢筋网挂放至锚筋上，使钢筋网安装在锚筋的位置上。潜水员采用水下电焊进行钢筋网和锚筋的点焊连接。

（a）钢筋网片加工

（b）网片吊装

图4.25 钢筋制安施工

2）施工质量检查标准及检查方法。钢筋网制安检查标准见表4.6。

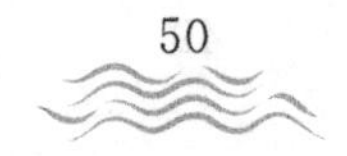

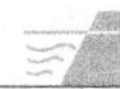

表 4.6 钢筋网制安检查标准

项次		检查项目	质量要求	检查方法	检查数量
主控项目	1	绑扎搭接长度	≥35d	潜水员尺量，拍摄录像	不少于5个点
	2	保护层厚度偏差	≤±2.5cm		
	3	钢筋间距	无明显过大过小的现象	水上尺量	
一般项目	1	钢筋长度偏差	≤±2.5cm	水上尺量	不少于5个点

3）安全控制要点。水面焊工进行焊接作业时，须穿戴工作服、安全帽，持证作业；水下焊接作业时，只有在潜水员做好准备并要求“通电或断电”，且水面人员回复其“通电或断电”后，才能送电或断电。

潜水员应注意在焊接作业时，其产生的熔渣不要滴落在潜水脐带或其他设备上。

（6）模板、止水铜片制作及安装。

1）施工方案。

a. 根据浇筑块尺寸，基础仓与找平仓按照测量放样尺寸，标准仓按 17（16）m×2（3）m 对模板进行现场切割加工，先在坝面加工制作模板如图 4.26（a）所示，潜水员全程参与模板的制作，并熟悉整个流程，从而在水下安装时达到安全高效地施工。

b. 确保模板平整度误差为±10mm，采用水平尺及卷尺进行控制。模板焊接采用满焊。

c. 为了保证吊装的稳定和不变形，采用 4 个吊点，其中上部 2 个，中间 2 个，以便于控制。

d. 在吊装过程中以坝面桩号点 2 个吊锤精确就位（一边一个），模板四角采用长 800mm、直径为 24mm 的螺杆定位，模板初步到位后由潜水员在水下用吊葫芦调整模板的水平与垂直度。模板初步定位后，锚筋上套环、将螺母与直径为 24mm 的螺杆用螺丝紧固，确保模板稳定。模板基本就绪后，用重锤测量模板垂直度，满足要求后再穿其他固定点，然后紧固螺栓，外侧用两个螺母，模板定位好后潜水员进行下水检查，如有松动螺丝再紧固好。

e. 模板与基础的缝隙封堵。使用袋装水泥与砂按比例拌匀装袋，潜水员携带小膜袋，沿着模板与基岩处进行铺设，在混凝土浇筑时，防止浆液跑出。

f. 侧模上预留缝安装止水铜片，与模板一起吊装固定。铜片规格：厚 1mm，宽 340mm，翼高 50mm，如图 4.26（b）所示。铜片连接采用双面胶粘接（因水下铜片无法焊接，采用水下专用胶料进行双面粘接，经现场煤油渗漏试验检查无渗漏），搭接长度不小于 10cm。

2）施工质量检查标准及检查方法。预埋件（止水、伸缩缝等）制作及安

(a) 标准仓模板加工制作

(b) 止水铜片加工制作

图 4.26 模板制安施工

装施工质量标准、模板制作及安装施工质量标准见表 4.7 和表 4.8。

表 4.7 预埋件(止水、伸缩缝等)制作及安装施工质量标准

项次		检查项目	质量要求	检查方法	检查数量
主控项目	1	铜片外观	表面平整、无油污、砂眼、裂纹	水上观察	全数
	2	伸缩缝缝面	平顺、顺直、割除外露铁件	摄像、观察	全面
一般项目	1	铜片尺寸偏差	宽度≤±5mm	水上尺量	检查 3 个点
			高度≤±2mm		
	2	铜片搭接长度	≥10cm	潜水员尺量,拍摄录像	每个连接处
	3	铜片中心线安装偏差	±5mm		检查 1~2 个点
	4	安装橡胶泡沫板	铺设厚度均匀平整、牢固	水上观察	全面

表 4.8　　　　模板制作及安装施工质量标准

<table>
<tr><th colspan="2">项次</th><th>检查项目</th><th>质量要求</th><th>检查方法</th><th>检查数量</th></tr>
<tr><td>主控项目</td><td>1</td><td>结构断面尺寸</td><td>±10mm</td><td>潜水员尺量，拍摄录像</td><td>5个点/浇筑块</td></tr>
<tr><td rowspan="3">一般项目</td><td>1</td><td>相邻两板面错台</td><td>2mm</td><td rowspan="3">水上尺量</td><td rowspan="2">10个点/浇筑块</td></tr>
<tr><td>2</td><td>局部平整度</td><td>3mm</td></tr>
<tr><td>3</td><td>板面缝隙</td><td>1mm</td><td>3个点/浇筑块</td></tr>
</table>

3）安全控制要点。模板吊装时，禁止施工人员处于吊装作业正下方；模板吊放入水下时，潜水员通过潜水电话指挥吊放，坝面人员须听从其指挥，防止造成潜水员水下挤压伤。

（7）水下混凝土浇筑。

1）施工方案。设计要求为C25W8F100水下自密实混凝土。采用金瑞混凝土公司提供的商品混凝土，通过混凝土试验确定水下自密实混凝土配合比及外加剂型号，具体试验结果见表4.9和表4.10。

表 4.9　　　　水下自密实混凝土配合比　　　　单位：kg/m^3

水泥	粉煤灰	天然砂	人工砂	石	水	外加剂
402	106	538	359	688	193	6.33

表 4.10　　　　水下自密实混凝土自密实性能检测数据

项目	初始	30min	60min	90min
坍落度/mm	260	265	260	260
扩展度/mm	660	670	660	650

a. 坝面导管安装固定到位，水下导管下放到位，导管口距浇筑面的高度控制在30cm，确保隔塞球顺利排出。浇筑前还应对卷扬机提升系统及钢丝绳进行安全检查，确保其在浇筑时的安全性。

b. 混凝土浇筑前做好检查工作。对模板加固情况，模板与基础面、坝面连接处的堵缝情况，对导管加固情况进行全面检查，合格后进入下一道工序。

c. 在混凝土浇筑前完成投放水下保护剂工作。每方混凝土的保护剂用量为6kg左右，按照保护剂∶水＝1∶100比例稀释。水下保护剂参数指标为：pH7.05，残留单体0.02，水不溶物0.01，离子度25.33，分子量1100万。混凝土浇筑前两小时内，在浇筑仓内投放水下保护剂，浇筑部位中下部投放量为60%，两根导管每根导管内的投放量为20%。

d. 水下混凝土浇筑采用导管法，浇筑时将直径为22cm的导管下放到距基底面30cm位置，放出临时堵管小球（直径18cm），混凝土依靠重量流出，迅速在管口附近堆积，并且将管口埋住。为保证首灌混凝土埋住导管口，防止导管内进水，经计算确定集料斗容量为1.5m^3。集料斗通过固定在坝顶的10t卷扬机拉设悬挂在水面上，与水上操作平台基本持平（便于工人打开阀门）。为了保证混凝土均匀上升、流畅浇筑，基础仓设置2根导管，2个集料斗，当低处混凝土面最高点接近第2根导管口40cm时，第2根导管料斗开始进行混凝土下放；标准仓设置4根导管，4个集料斗，2辆混凝土罐车供料，每辆罐车通过分料槽供应2根导管，注满混凝土后，同时打开阀门，混凝土罐车持续供料，保证混凝土浇筑连续。

e. 罐车运输至坝顶集料斗旁边，通过罐车出料口将混凝土放入集料斗，装满后立即打开料斗与导管间的阀门，混凝土注入导管开始持续浇筑。混凝土浇筑施工如图4.27所示。

图4.27 混凝土浇筑施工

2）施工质量检查标准及检查方法。混凝土浇筑施工质量标准见表4.11。

表4.11 混凝土浇筑施工质量标准

项次		检查项目	质量要求	检查方法	检查数量
主控项目	1	导管埋深	≥70cm	水上测绳量测	10min/次
	2	混凝土上升速度	≥2m/h		
一般项目	1	导管布置间距	基础仓≤3m 标准仓≤4m	水上尺量	全部
	2	混凝土面高差	≤0.5m	测绳量测	10min/次
	3	混凝土扩散度	≥62cm	水上检测	1组
	4	混凝土坍落度	≥24cm		
	5	抗压、抗冻、抗渗强度	25MPa F100、W8	试块	抗压每仓一组； 抗冻、抗渗各三组。

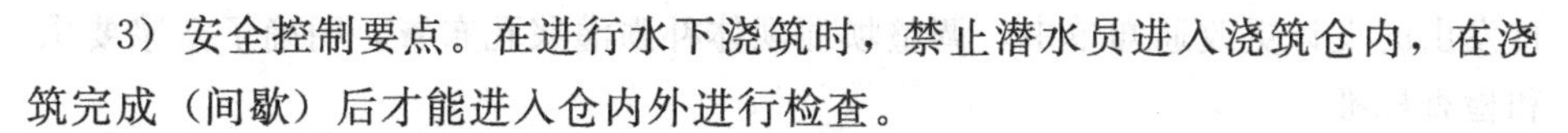

3）安全控制要点。在进行水下浇筑时，禁止潜水员进入浇筑仓内，在浇筑完成（间歇）后才能进入仓内外进行检查。

浇筑前对浇筑管系的提升系统（卷扬机、钢丝绳、导管连接等）进行安全检查，对存在安全隐患的设施设备进行更换调整。

4.2 坝体补强灌浆施工

4.2.1 施工试验

碗窑水库于1993年开始动工建造，当时是浙江省第一座碾压混凝土重力坝，由于历史经济技术条件等原因，施工经验欠缺，施工工艺不够成熟，使得大坝施工质量存在一定的缺陷。大坝碾压层面胶结不良，水库蓄水后，碾压混凝土层面存在渗漏水现象，虽经几次修补和灌浆处理，仍存在层面渗漏水问题。碾压混凝土层面渗漏水会不断地带走水泥胶凝材料，碾压混凝土层面力学指标不断降低，碗窑水库拦河大坝碾压混凝土层面存在抗滑稳定安全裕度不足的问题。

碾压混凝土坝体补强灌浆目前并没有专门的规范和技术标准，省内也没有成功应用的先例。碗窑水库坝体之前进行过几次小规模的灌浆，效果均不甚理想，设计要求灌浆前应进行灌浆试验，选择合适的灌浆工艺和浆材。

4.2.1.1 总体坝体补强灌浆试验施工过程

施工单位按照设计图纸要求于2017年12月20日至2018年1月2日在3号、8号坝段坝顶补强灌浆时发现，原坝体各层间碾压不到位、结构较松散、孔隙率大、孔洞多、3号坝段坝体顶部直立段为灌砌石且渗漏点多等现象，受以上现象因素影响，导致其补强灌浆吸浆量非常大、且两孔间检查孔压水试验无回水、渗漏严重等情况。

根据以上情况在2018年1月16日召开下游坝面非溢流坝段压模试验段施工和坝体补强灌浆专题会议，设计单位要求在7号坝段坝顶选取2个补强灌浆孔、3号坝段坝顶选取1个补强灌浆孔进行灌浆试验，灌浆结果显示其吸浆量依旧非常大。

2018年1月20—22日完成了7号坝段和3号坝段的3个补强灌浆孔试验，根据试验情况，设计单位在2018年2月9日出的设计更改通知单，初步确定灌浆指标，并要求按上述指标对7号坝段整个坝段坝顶进行灌浆试验，试验后再最终确定相关指标。2018年3月9日开始进行7号坝段整个坝段坝顶灌浆试验，试验完成后于2018年4月23日完成了4个检查孔的压水试验。最后，综合上述试验情况及检查结果，经认真分析研究，设计单位在2018年5月28

日发出的设计更改通知单中，调整坝顶坝体补强灌浆孔布置，明确了灌浆要求和检查标准。

4.2.1.2 3号、8号坝段坝顶坝体补强灌浆试验施工过程

(1) 8号坝段坝顶补强灌浆试验施工过程。施工单位于2017年12月20—26日完成8BS－97号孔（8号坝段、坝下0＋005.25、坝0＋260.50）、8BS－99号孔（8号坝段、坝下0＋005.25、坝0＋264.50）、8BS－101号孔（8号坝段、坝下0＋005.25、坝0＋268.50）、8BS－103号孔（8号坝段、坝下0＋005.25、坝0＋272.5）、8BS－105号孔（8号坝段、坝下0＋005.25、坝0＋276.50）、8BS－106号孔（8号坝段、坝下0＋005.25、坝0＋278.50）、8BS－107号孔（8号坝段、坝下0＋005.25、坝0＋280.50）共7个补强灌浆孔。其灌浆按段长15m、灌浆压力为0.5MPa、水灰比按3∶1、2∶1、1∶1、0.5∶1四级进行灌浆。起灌水灰比为3∶1，当浆液注入量已达300L以上且注入率大于30L/min时浆液水灰比视具体情况进行越级变浆，结束标准：当注入率小于1L/min、达到0.5MPa压力时，继续灌注5min，即可结束灌浆。根据监理、设计、业主要求，在其吸浆量最大的孔8BS－107号孔（水泥总用量为12415.4kg）旁即8BS－106号孔和8BS－107号孔中间取检查孔进行压水试验，段长0～10m压水试验无回水。8号坝段坝顶补强灌浆试验灌浆孔、检查孔布置如图4.28所示。

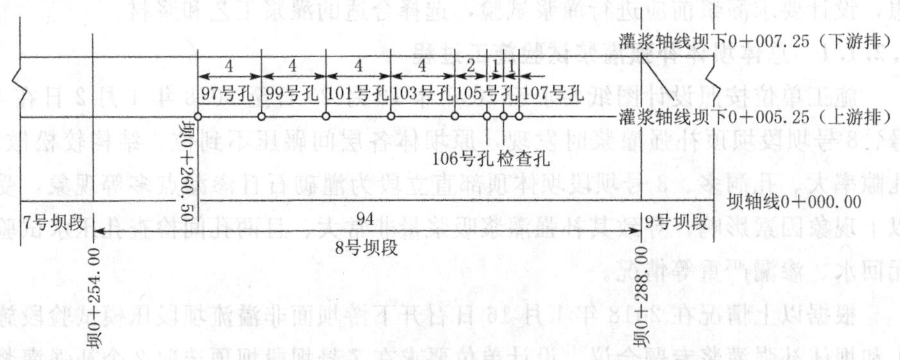

图4.28 8号坝段坝顶补强灌浆试验灌浆孔、检查孔布置图（单位：m）

(2) 3号坝段坝顶补强灌浆试验施工过程。施工单位分别于2018年1月2日、1月5日在坝顶3BS－1号孔（3号坝段、坝下0＋005.25、坝0＋068.50）、3BS－15号孔（3号坝段、坝下0＋005.25、坝0＋096.50）处进行第一段坝体补强灌浆，其灌浆按段长10m、灌浆压力为0.5MPa、水灰比按3∶1、2∶1、1∶1、0.5∶1四级进行灌浆。起灌水灰比为3∶1，当浆液注入量已达300L以上且注入率大于30L/min时浆液水灰比视具体情况进行越级变浆。

在坝顶 3BS－1 号孔（3 号坝段、坝下 0＋005.25、坝 0＋068.50）第一段灌浆时发现，3 号坝段廊道内（坝 0＋073.83、高程 167.71m 处）有一根水管漏浆，施工单位对其水管进行封堵后发现浆液从 2～3 号坝段廊道横缝处（坝 0＋068.00 处，高程 170.14m）水管流出，将其封堵后，浆液又从2～3 号坝段横缝处坝体中流出，如图 4.29 所示。该孔第一段（段长 10m）灌浆水泥用量至 6313.56kg 时，依然无回浆现象，故结束该段灌浆施工。

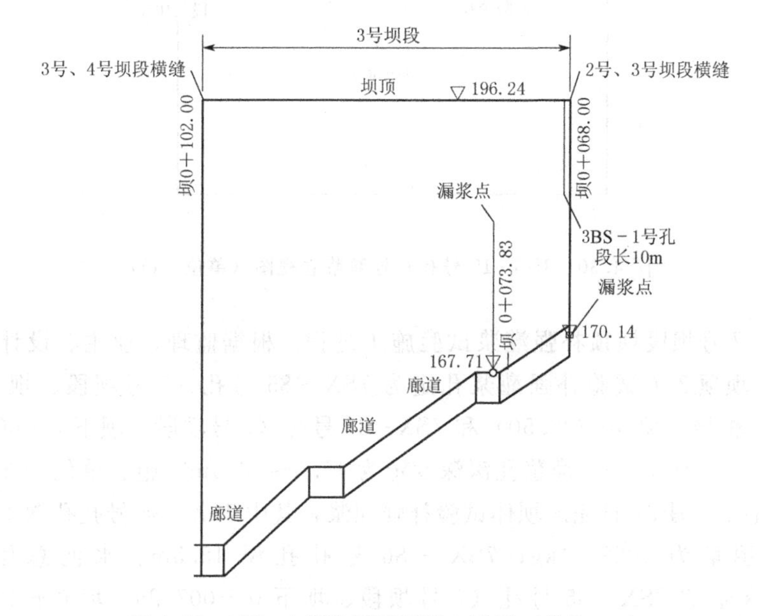

图 4.29　3BS－1 号孔补强灌浆立视图（单位：m）

在坝顶 3BS－15 号孔（3 号坝段、坝下 0＋005.25、坝 0＋096.50）第一段灌浆时发现上游面原防渗面板（桩号坝 0＋082.50，高程 186.21m）处也存在严重漏浆现象，如图 4.30 所示。该孔第一段（段长 10m）灌浆水泥用量至 17143.2kg 时，依然无回浆现象，故结束该段灌浆施工。

4.2.1.3　3 号、7 号坝段坝顶坝体补强灌浆试验施工过程

根据上述 3 号、8 号坝段坝顶坝体补强灌浆试验情况，在 2018 年 1 月 16 日召开下游坝面非溢流坝段压模试验段施工和坝体补强灌浆专题会议，设计单位要求在 7 号坝段坝顶选取 2 个补强灌浆孔、3 号坝段坝顶选取 1 个补强灌浆孔继续进行灌浆试验，其灌浆要求为按灌浆压力 0.4MPa、段长为 2m、水灰比按 3∶1、1∶1、0.7∶1、0.5∶1 四级进行灌浆。起灌水灰比为 3∶1，当浆液注入量已达 300L 以上且注入率大于 30L/min 时浆液水灰比视具体情况进行越级变浆，结束标准：当注入率小于 1L/min、达到 0.4MPa 压力时，继续灌注 5min，即可结束灌浆。

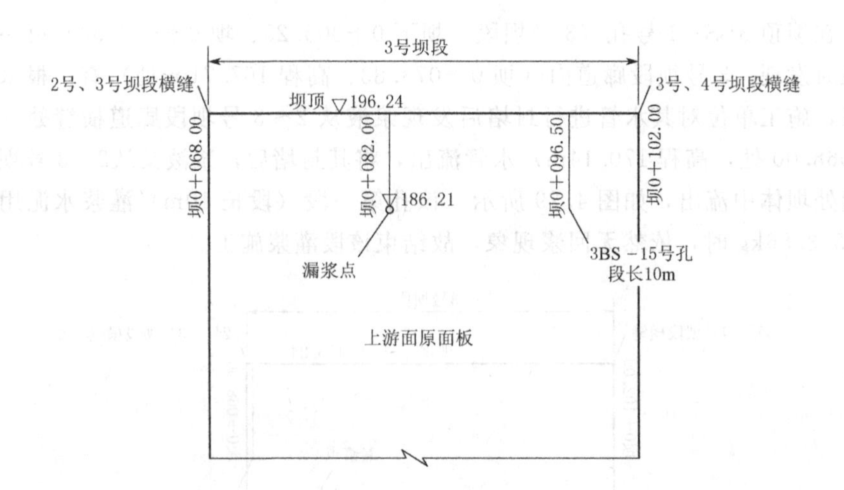

图 4.30 3BS－15 号孔补强灌浆立视图（单位：m）

（1）7 号坝段坝顶补强灌浆试验施工过程。根据监理、业主、设计要求，7 号坝段坝顶 2 个试验补强灌浆孔定为 7SX－85 号孔（7 号坝段、坝下 0＋007.25、桩号：坝 0＋236.50）和 7SX－86 号孔（7 号坝段、坝下 0＋007.25、桩号：坝 0＋238.50），灌浆孔深深度定为 15.5～16.5m。施工单位于 2018 年 1 月 20 日、1 月 21 日完成坝体试验补强灌浆，其中 7SX－85 号孔孔深 16.5m、水泥总用量为 10271.4kg；7SX － 86 号孔孔深 15.5m、水泥总用量为 9362.74kg。在 7SX－85 号孔（7 号坝段、坝下 0＋007.25、坝 0＋236.50）6.5～8.5m 段灌浆时发现坝 0＋231.80、高程 190.04m 处有渗漏点，在浆液逐级变浓时渗漏点漏浆量逐渐减少。在 7SX－86 号孔（7 号坝段、坝下 0＋007.25、坝 0＋238.50）10.5～12.5m 段灌浆时发现坝 0＋240.50、高程 184.74m 处有渗漏点，在浆液逐级变浓时渗漏点漏浆量逐渐减少，如图 4.31 所示。

（2）3 号坝段坝顶补强灌浆试验施工过程。根据监理、业主、设计要求，3 号坝段坝顶 1 个试验补强灌浆孔定为 3BS－2 号孔（3 号坝段、坝下 0＋005.25、坝 0＋070.50），由于该坝段为混凝土灌砌石，灌浆孔深深度定为 2.5m、按段长 2m、灌浆压力为 0.4MPa、水灰比按 3：1、1：1、0.5：1 三级进行灌浆，起灌水灰比为 3：1。于 2018 年 1 月 21 日对该段（0.5～2.5m，段长 2m）进行补强灌浆，由于该段为混凝土灌砌石混凝土充填不密实，灌浆时无压无回，灌浆水泥用量至 1138.36kg 依旧无回浆、无压力，故对其停止灌浆。2018 年 1 月 22 日对该段（0.5～2.5m，段长 2m）继续进行补强灌浆，灌浆水泥用量至 2220.24kg 依旧无回浆、无压力，施工单位结束该段灌浆施工。

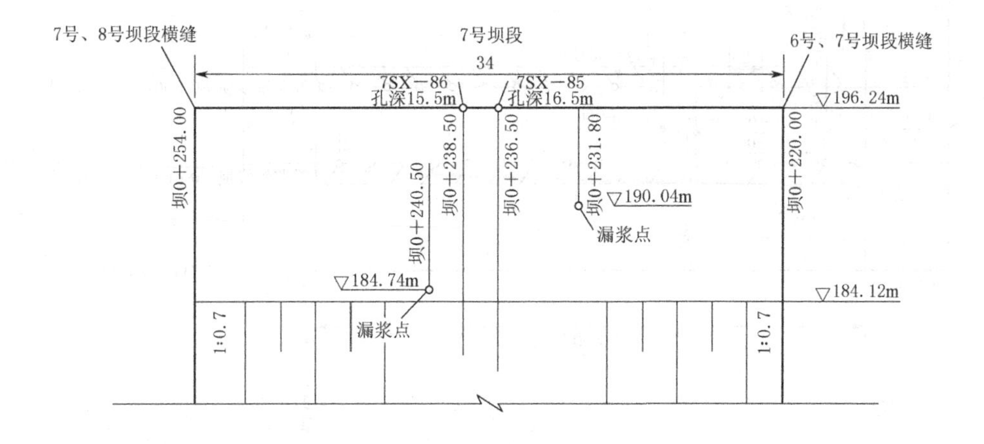

图 4.31 7 号坝段坝顶补强灌浆试验灌浆孔平面图

4.2.1.4 7号坝段整个坝顶坝体补强灌浆试验施工过程

根据上述 3 号、7 号、8 号坝段选取试验灌浆孔进行坝顶坝体补强灌浆前期灌浆试验，设计单位在 2018 年 2 月 9 日发出的设计更改通知单中，初步确定灌浆指标，指标如下：补强灌浆分两序孔进行，且先灌上游侧一排；一序孔灌浆压力 0.25～0.5MPa，二序孔灌浆压力为 0.5MPa；起灌水灰比适当提高，并适当待凝；段长不超过 5m；当注入率小于 1L/min、达到灌浆压力时，继续灌注 15min，即可结束灌浆。并要求按上述指标对 7 号坝段整个坝段坝顶进行灌浆试验，试验后再最终确定相关指标。

施工单位根据设计初定设计指标编制 7 号坝段坝体补强灌浆试验段施工方案，经监理审批后，于 2018 年 3 月 9 日开始施工，3 月 10 日设计单位地质工程师来现场指导工作，并要求上游排一序孔 77 号、79 号孔灌浆压力分别调到 0.5MPa、0.75MPa，以保证选取检查孔有更好的对比性。2018 年 3 月 25 日 7 号坝段坝体补强灌浆试验段施工完成并根据监理、设计、业主要求选取 4 个具有代表性检查孔进行压水实验，其检查孔分别为 7B－J1（坝 0＋222.50、坝下 0＋006.25、上游排往下游排偏 1m、靠 6 号和 7 号坝段伸缩缝处、在灌浆压力 0.5～0.75MPa 附近）、7B－J2（坝 0＋230.50、坝下 0＋005.55、上游排往下游排偏 0.3m、在灌浆压力 0.25～0.5MPa 附近）、7B－J3（坝 0＋230.50、坝下 0＋005.85、上游排往下游排偏 0.6m、在灌浆压力 0.25～0.5MPa 附近）、7B－J4（坝 0＋232.50、坝下 0＋006.25、上游排往下游排偏 1m、在灌浆压力 0.25～0.5MPa 附近），其灌浆孔和检查孔平面图如图 4.32 所示。

7 号坝段坝体补强灌浆试验段检查孔压水试验结果见表 4.12。

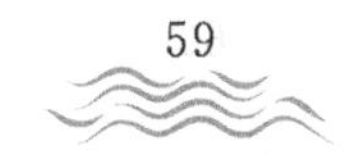

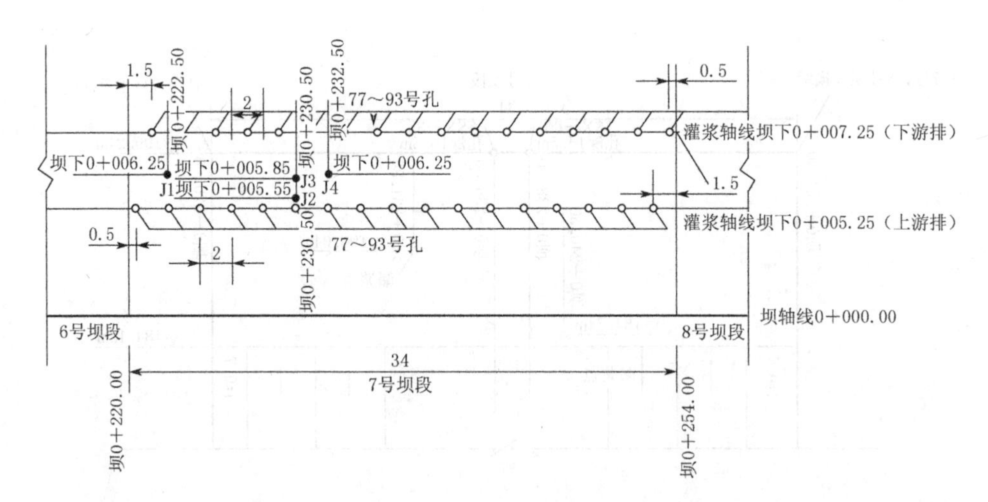

图 4.32 7号坝段整个坝段坝顶补强灌浆试验灌浆孔、检查孔平面图（单位：m）

表 4.12　　7号坝段坝体补强灌浆试验段检查孔压水试验结果表

孔　　号	试段编号	压水试验透水率/Lu	备　　注
7B－J1（桩号坝0＋222.50、坝下0＋06.25、靠6号和7号坝段伸缩缝处）	1（0～5.5m）	45.00	上游排往下游偏1m
	2（5.5～10.5m）	无回水	
	3（10.5～15.5m）	33.92	
	4（15.5～20.5m）	9.38	
7B－J2（坝0＋230.50、坝下0＋005.55）	1（0～5.5m）	1.07	上游排往下游偏0.3m
	2（5.5～10.5m）	15.60	
	3（10.5～15.5m）	3.80	
	4（15.5～20.5m）	2.80	
	5（20.5～25.5m）	6.20	
	6（25.5～30.5m）	7.80	
	7（30.5～35.5m）	4.30	
	8（35.5～40.5m）	7.10	
	9（40.5～45.5m）	6.60	
	10（45.5～50.5m）	9.40	
	11（50.5～55.5m）	3.50	
	12（55.5～58.5m）	5.50	
7B－J3（坝0＋230.50、坝下0＋05.85）	1（0～5.5m）	14.90	上游排往下游偏0.6m
	2（5.5～10.5m）	13.90	
	3（10.5～15.5m）	15.50	

续表

孔　号	试段编号	压水试验透水率/Lu	备　注
7B-J3（坝0+230.50、坝下0+05.85）	4（15.5～20.5m）	15.00	上游排往下游偏0.6m
	5（20.5～25.5m）	12.10	
	6（25.5～30.5m）	9.10	
	7（30.5～35.5m）	10.20	
	8（35.5～40.5m）	18.80	
	9（40.5～45.5m）	13.40	
	10（45.5～50.5m）	15.50	
	11（50.5～55.5m）	10.20	
	12（55.5～58.5m）	10.67	
7B-J4（坝0+232.50、坝下0+06.25）	1（0～5.5m）	33.60	上游排往下游偏1m
	2（5.5～10.5m）	20.50	
	3（10.5～15.5m）	22.30	
	4（15.5～20.5m）	19.50	
	5（20.5～25.5m）	23.10	
	6（25.5～30.5m）	27.87	
	7（30.5～35.5m）	32.14	
	8（35.5～40.5m）	25.26	
	9（40.5～45.5m）	22.60	
	10（45.5～50.5m）	11.00	
	11（50.5～55.5m）	22.40	
	12（55.5～57.5m）	14.00	

4.2.1.5 坝顶坝体补强灌浆试验小结

根据7号坝段及前期坝体补强灌浆试验情况可发现原坝体各层间碾压不到位、结构较松散、孔隙率大、孔洞多、渗漏点多、坝体内横纵裂缝分布不均及不规则、各缝间不相通、钻孔过程中易发生掉块、卡钻，特别是3～4号坝段坝体顶部直立段为灌砌石、渗漏通道及渗漏点多等现象。受以上现象因素影响，导致其补强灌浆吸浆量大、灌浆扩散半径小。从7号坝段坝体补强灌浆试验段检查孔结果可知，灌浆孔灌浆扩散半径0.3m以内其压水试验透水率基本能保证在10.0Lu以内、灌浆孔灌浆扩散半径0.6m以内其压水试验透水率基本能保证在15.0Lu以内、而不管灌浆压力在0.25～0.5MPa或在0.5～0.75MPa下其灌浆孔扩散半径都不能确保达到1m。

为使坝顶坝体补强灌浆能达到充填碾压混凝土间的孔洞和缝隙、防渗截漏、加固坝体和提高防渗性能、形成防渗体的效果。首先提高一二序孔灌浆压力，确保灌浆孔灌浆扩散半径尽量大，由于坝体碾压混凝土间的孔洞和缝隙大、渗漏点及渗漏通道多等现象，尽量提高起灌的浆液水灰比并在每段灌注完成后进行适当待凝，确保坝体补强灌浆达到最好效果。

最后根据7号坝段和前期坝体补强灌浆试验情况及检查孔压水试验结果，设计单位在2018年5月28日发出的设计更改通知单中，明确坝体补强灌浆要求和检查标准如下：

(1) 坝顶上游侧坝体补强灌浆孔轴线位置从坝下0+005.25调整为坝下0+006.05，调整后排距为1.2m，孔距保持不变，为2.0m。补强灌浆要求：分两序孔进行，且先灌下游侧一排，再灌上游侧；一序孔灌浆压力为0.5MPa、二序孔灌浆压力为0.5～0.75MPa；浆液比按1∶1、0.7∶1、0.5∶1三级进行灌浆，并适当待凝，段长不超过5m；当注入率小于1L/min、达到灌浆压力时，继续灌注15min，即可结束灌浆。检查孔布置在两排中间及吸浆量较大的位置，要求透水率不大于15Lu。

(2) 7号坝段坝体补强灌浆后由于原试验段排距为2m，其扩散半径不能形成封闭，因此在两排灌浆孔中间增加一排灌浆孔，孔距2m。

(3) 3号和4号坝段在高程184.03～196.24m为灌砌块石结构，考虑该段的吸浆量大等因素，该段的坝体补强灌浆注灰量按300kg/m控制，灌浆压力0.25～0.50MPa，并视吸浆量情况适当添加黄砂。

4.2.2 坝体补强灌浆施工

根据设计图纸要求，江山市碗窑水库加固改造工程坝顶坝体补强灌浆有3～8号共6个坝段，其中3号、4号、6号、7号、8号为非溢流坝段、5号坝段为溢流坝段，在坝顶设2排灌浆孔，灌浆轴线分别为坝下0+005.25和坝下0+007.25，孔距2m、呈梅花形布置，灌浆压力暂定为0.5MPa。坝体补强灌浆平面布置图、非溢流坝段和溢流坝段坝顶坝体补强灌浆横断面图如图4.33～图4.35所示。

设计技术要求为：水泥强度等级不应低于42.5；坝体补强灌浆要求：分两序孔进行，且先灌下游侧一排，再灌上游侧；一序孔灌浆压力为0.5MPa、二序孔灌浆压力为0.5～0.75MPa；浆液比按1∶1、0.7∶1、0.5∶1三级进行灌浆，并适当待凝；段长不超过5m；当注入率小于1L/min、达到灌浆压力时，继续灌注15min，即可结束灌浆，检查孔布置在两排中间及吸浆量较大的位置，要求透水率不大于15Lu；3号和4号坝段在高程184.03～196.24m为灌砌块石结构，考虑该段的吸浆量大等因素，该段的坝体补强灌浆按每米注灰量300kg/m控制，灌浆压力0.25～0.50MPa，并视吸浆量情况适当添加黄砂。

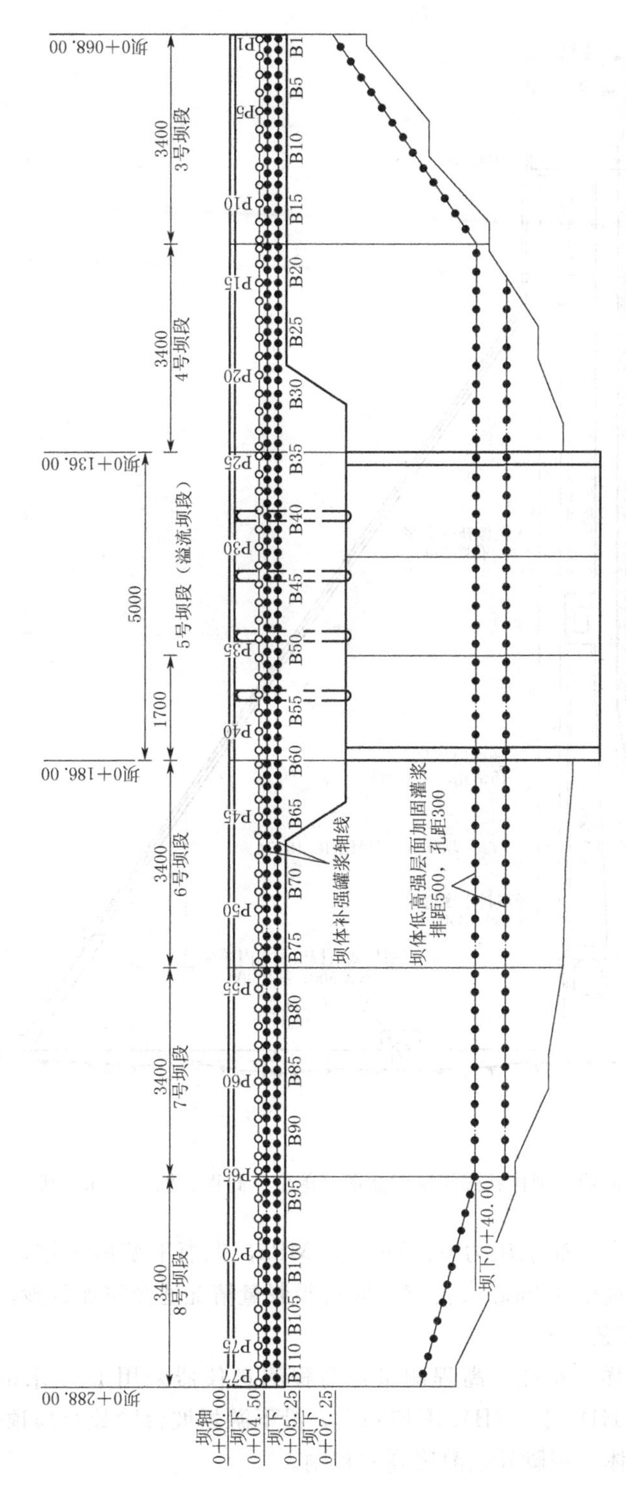

图 4.33　坝体补强灌浆平面布置图（单位：高程、桩号为 m，其余为 cm）

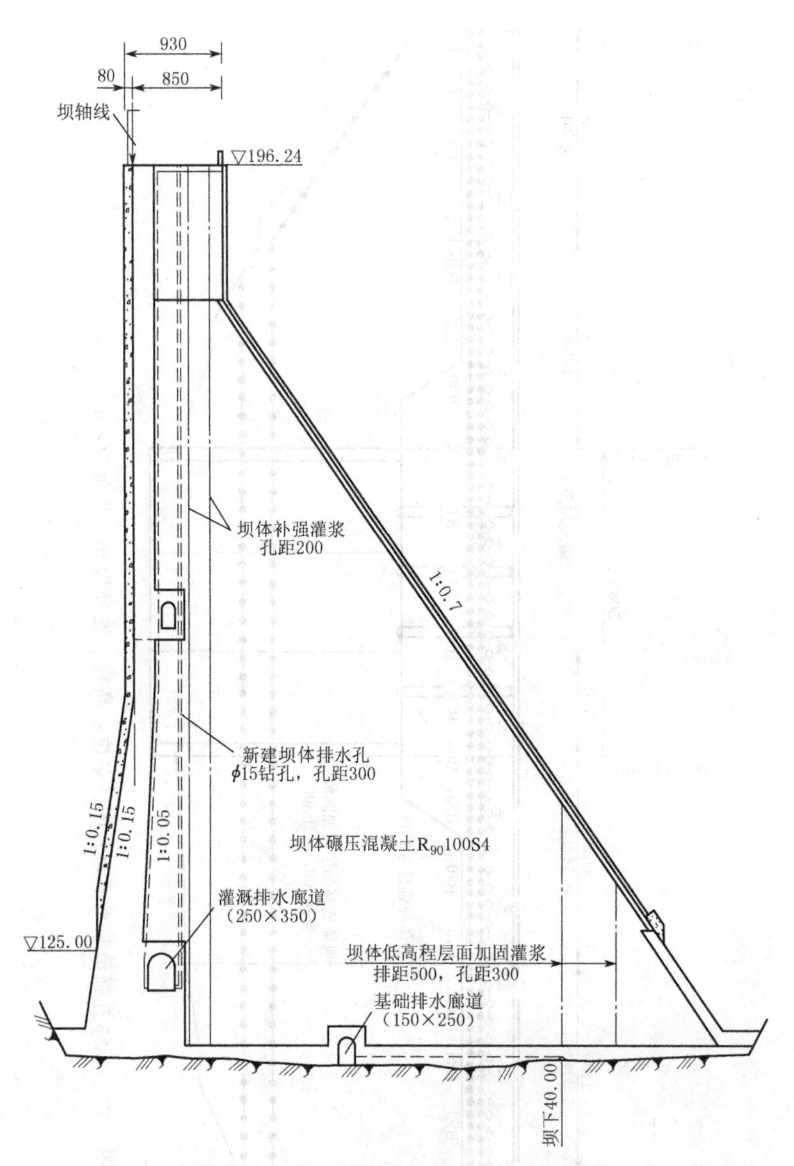

图 4.34　非溢流坝段坝体补强灌浆断面图（单位：高程、桩号为 m，其余为 cm）

坝脚补强灌浆要求：灌浆压力 0.25～0.50MPa，先灌下游侧一排，该段的坝体补强灌浆注灰量按 300kg/m 控制，并视吸浆量情况适当添加黄砂。

4.2.2.1　施工工艺

（1）测量放样、布孔。高程测量：高程测量仪器采用 DS3 水准仪测量，根据业主提供的 HD1 上、HD1 下控制点，沿下游坝坡台阶处及坝顶建立高程控制网，进行坝体、坝脚补强灌浆高程控制。

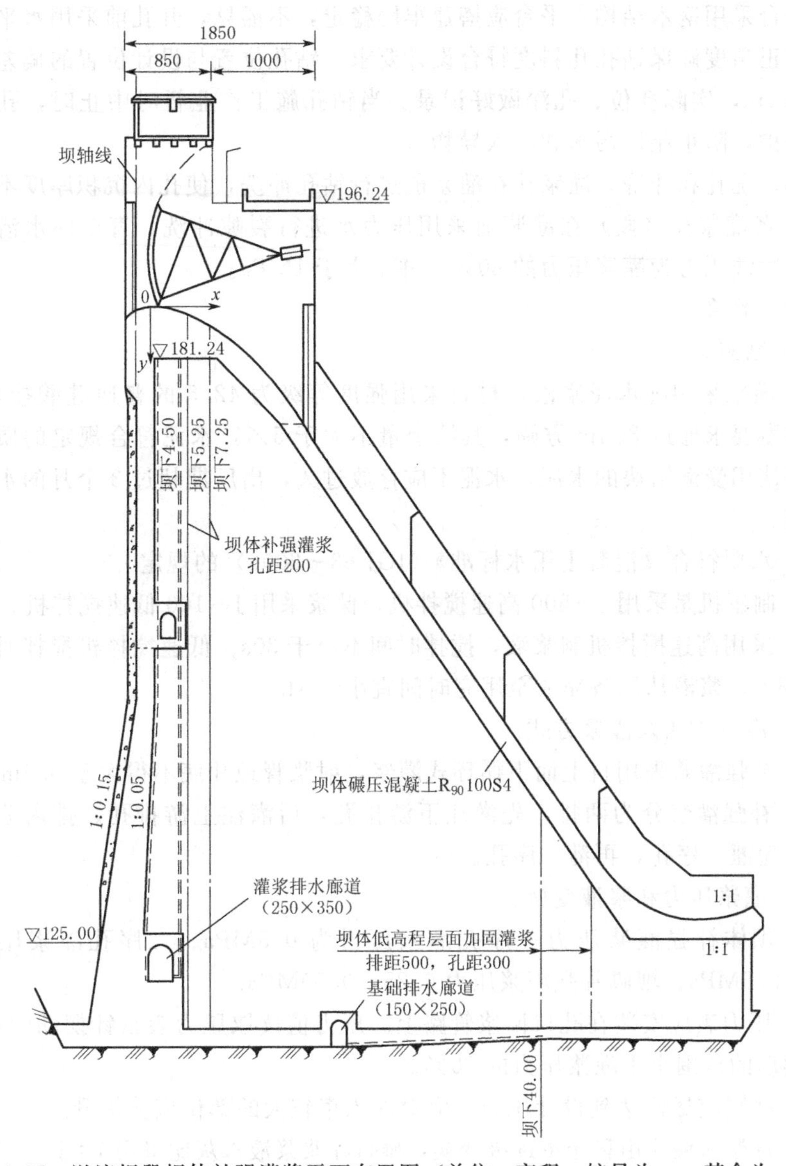

图 4.35 溢流坝段坝体补强灌浆平面布置图（单位：高程，桩号为 m，其余为 cm）

平面测量：平面测量根据上游面原坝轴线坐标采用 GPS 进行测量，按设计要求放出坝体、坝脚灌浆轴线点，并用油漆做好记号，再沿灌浆轴线放出各灌浆孔号，并用油漆做好记号。

(2) 钻孔。严格按照已放样好的孔位进行钻孔，采用 KQD100B 型潜孔钻和直径为 75mm 金刚石或硬质合金钻头钻进；坝体补强灌浆时其钻机可直接置于坝顶路面，坝脚补强灌浆在下游斜坡面上进行，其在斜坡上搭设钻机平

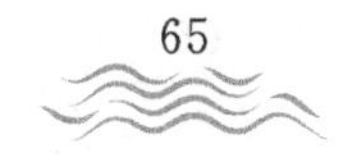

台，平台采用钢木结构，平台应搭建牢固稳定，不摇晃，开孔前采用水平尺或罗盘校正角度确保钻孔孔斜度符合设计要求。钻孔位置与设计位置的偏差不宜大于10cm，实际孔位、孔深做好记录。当钻孔施工作业暂时中止时，孔口应严加保护，防止流进污水和落入异物。

（3）洗孔和冲洗。灌浆孔在灌浆前进行钻孔冲洗，使孔内沉积厚度不超过20cm，各灌浆孔（段）在灌浆前采用压力水进行裂隙冲洗，直至回水清净时为止。冲洗压力为灌浆压力的80%，并不大于1MPa。

（4）灌浆。

1）制浆。

a. 灌浆采用纯水泥浆液，材料采用强度等级为42.5的普通硅酸盐水泥，水泥细度要求通过80μm方筛，其筛余量不大于5%，水泥符合规定的质量标准，不使用受潮结块的水泥，水泥不应存放过久，出厂期超过3个月的水泥不得使用。

b. 水要符合《混凝土用水标准》（JGJ 63—2006）的规定。

c. 制浆机是采用J-500高速搅拌机，储浆采用J-100低速搅拌机。

d. 采用高速搅拌机制浆液，搅拌时间不小于30s。低速搅拌机搅拌时间不小于180s，浆液从制备完成至用完时间宜小于4h。

2）灌浆方法及灌浆方式。

a. 补强灌浆采用自上而下循环式灌浆，射浆管距孔底不得大于0.5m。

b. 补强灌浆分为两排，先灌注下游排孔，后灌注上游排孔。排内分二序施工，先灌一序孔，再灌二序孔。

3）灌浆压力和浆液变换。

a. 坝体补强灌浆压力一序孔灌浆压力为0.5MPa、二序孔灌浆压力为0.5～0.75MPa；坝脚补强灌浆压力0.25～0.50MPa。

b. 压力表应安装在孔口回浆管路上。压力值读取压力表指针摆动的中值，指针摆动的范围小于灌浆压力的20%。

c. 灌浆应尽快达到设计压力，但对注入率较大的部位应分级升压。

d. 灌浆浆液应由稀至浓逐级变换，帷幕灌浆浆液水灰比采用1∶1、0.7∶1、0.5∶1三个比级。

4）浆液变换原则。

a. 当灌浆压力保持不变，注入率持续减少时，或注入率不变而压力持续升高时，不得改变水灰比。

b. 当某级浆液注入量已达300L以上，或灌浆时间已达30min，而灌浆压力和注入率均无改变或改变不显著时，应改浓一级水灰比。

c. 当注入率大于30L/min时，可根据具体情况越级变浓。

5）灌浆结束和封孔。

a. 灌浆段在设计全压力下，注入率不大于1L/min后，达到灌浆压力时，继续灌注15min，可结束灌浆。如注入率大于1L/min，灌浆用量接近300kg/m时，也可结束灌浆。

b. 全孔灌浆结束后，以水灰比为0.5∶1的水泥浆液置换孔内稀浆或积水，采用全孔压力灌浆封孔法封孔。

4.2.2.2 检查分析

碗窑水库坝体补强灌浆于2018年3月20日开始施工，2018年8月7日施工完成，检查分析情况如下。

（1）坝体补强灌浆。

1）单位注入量及透水率分析。坝体补强灌浆完成情况及单位注入量分析见表4.13。

表4.13　坝体补强灌浆完成情况及单位注入量分析

灌浆孔序	孔数/个	钻孔深度/m	注入灰量/kg	单位注入量/(kg/m)
3号坝段（上排）Ⅰ序孔	9	297.05	89505.21	301.31
3号坝段（上排）Ⅱ序孔	8	264.13	63687.81	241.12
3号坝段（下排）Ⅰ序孔	9	346.55	125049.73	360.84
3号坝段（下排）Ⅱ序孔	8	308.03	73514.71	238.66
4号坝段（上排）Ⅰ序孔	8	470.80	169501.61	360.03
4号坝段（上排）Ⅱ序孔	9	528.62	123903.42	234.39
4号坝段（下排）Ⅰ序孔	8	514.80	185616.92	360.56
4号坝段（下排）Ⅱ序孔	9	578.12	141602.07	244.93
5号坝段（上排）Ⅰ序孔	13	818.12	201396.54	246.20

续表

灌浆孔序	孔数/个	钻孔深度/m	注入灰量/kg	单位注入量/(kg/m)
5号坝段（上排）Ⅱ序孔	12	746.53	160984.16	215.60
5号坝段（下排）Ⅰ序孔	13	801.34	197152.52	246.00
5号坝段（下排）Ⅱ序孔	12	734.86	154724.00	210.50
6号坝段（上排）Ⅰ序孔	8	478.00	154062.90	322.30
6号坝段（上排）Ⅱ序孔	9	540.00	146182.30	270.70
6号坝段（下排）Ⅰ序孔	8	542.00	175723.70	324.20
6号坝段（下排）Ⅱ序孔	9	613.40	152274.70	248.20
7号坝段（上排）Ⅰ序孔	9	495.50	83415.30	168.30
7号坝段（上排）Ⅱ序孔	8	439.00	39669.90	90.40
7号坝段（下排）Ⅰ序孔	9	600.00	115559.60	192.60
7号坝段（下排）Ⅱ序孔	8	535.00	78907.10	147.50
7号坝段（中排）Ⅰ序孔	9	489.50	53469.10	109.20
7号坝段（中排）Ⅱ序孔	8	435.50	35035.10	80.40
8号坝段（上排）Ⅰ序孔	8	330.50	55966.50	169.30
8号坝段（上排）Ⅱ序孔	9	372.50	46050.70	123.60

续表

灌浆孔序	孔数/个	钻孔深度/m	注入灰量/kg	单位注入量/(kg/m)
8号坝段（下排）Ⅰ序孔	8	384.00	91322.80	237.80
8号坝段（下排）Ⅱ序孔	9	431.00	58688.60	136.20
合计	237	13094.85	2972967.00	5880.84

单位注入量分析：根据上表可知下游排Ⅰ序孔→Ⅱ序孔，相对应的单位注入量逐渐减少，上游排Ⅰ序孔→Ⅱ序孔，相对应的单位注入量也逐渐减少，各序孔经过了Ⅰ序孔的钻灌，Ⅱ序孔的单位注入量明显减少；7号坝段中间排在上下游排灌浆完成后进行，其单位注入量与上下游排相比明显减少，坝体防渗效果得到了加强。

2）检查孔成果。坝体补强灌浆总共237个、6个坝段。检查孔数量按一个坝段布置2个，实际检查孔数为16个，检查结果达到设计要求。坝体补强灌浆检查孔压水试验透水率成果统计见表4.14。

表4.14　　坝体补强灌浆检查孔压水试验透水率成果统计

坝段孔号	钻孔深度/m	透水率/Lu	设计透水率指标/Lu
3号坝段 3B-J1（直立段）	12.00	12.00～13.07	≤15.00
3号坝段 3B-J1（直立段以下）	24.60	7.64～9.98	
3号坝段 3B-J2（直立段）	12.00	5.64～6.67	
3号坝段 3B-J2（直立段以下）	30.00	5.37～7.23	
4号坝段 4B-J1（直立段）	12.00	4.78～6.63	
4号坝段 4B-J1（直立段以下）	50.40	5.16～11.28	
4号坝段 4B-J2（直立段）	12.00	6.55～7.90	
4号坝段 4B-J2（直立段以下）	54.00	4.61～8.17	

续表

坝段孔号	钻孔深度/m	透水率/Lu	设计透水率指标/Lu
5号坝段 5B-J1	57.57	4.10～7.50	≤15.00
5号坝段 5B-J2	62.00	1.62～6.20	
6号坝段 6B-J1	62.40	1.20～6.91	
6号坝段 6B-J2	61.50	1.05～8.20	
7号坝段 7B-J1	54.00	2.62～13.62	
7号坝段 7B-J2	59.00	0.31～9.31	
8号坝段 8B-J1	46.50	1.08～11.00	
8号坝段 8B-J2	36.50	0.90～7.40	

(2) 坝脚补强灌浆（低高程坝体层面进行加固灌浆）。坝脚补强（低高程坝体层面进行加固灌浆）灌浆完成情况见表4.15。

表4.15　坝脚补强灌浆（低高程坝体层面进行加固灌浆）完成情况

灌浆部位	孔数/个	钻孔深度 /m	注入灰量/kg	单位注入量/(kg/m)
3～8号坝段	122	1909.37	554863.49	290.6

注 单位注入灰量控制满足设计要求。

4.3 下游坝坡喷混凝土压模施工

为提高大坝安全裕度，改善工程形象面貌，对下游坝面进行处理。

考虑到该工程为水利风景区，为实现水工建筑物与人文环境、自然环境之间的和谐，在新建混凝土表面采用彩色混凝土印压模。彩色混凝土印压模技术是在未干的混凝土基层上使用表面着色处理技术，加铺一层彩色装饰材料，然后用专用模具在表面上压印而成，能使地面呈现各种色泽、图案、质感、逼真地模拟自然的材质和纹理，体现不同的设计风格。彩色混凝土印压模技术在公

路、园林等应用较多，但浙江省内尚没有应用在高坝坝坡的先例。

非溢流坝段下游坝坡共有10个坝段，其中溢流堰左岸为1～4号坝段，每坝段长为34m，共136m；溢流堰右岸坝段为6～11号坝段，每坝段长为34m，共204m，总长340m。下游坝坡喷混凝土压模施工加固范围从地面高程至184.12m高程，坡度为1∶0.7。其下游坝坡喷混凝土压模施工加固主要施工内容有：对原混凝土面进行凿毛、清洗处理；对原坝面的渗水点采用电钻钻孔并埋引水管至排水沟；设ϕ25插筋，插筋长1.5m，间距为2.5m，呈梅花形布置；在坝底部沿原始坝基面喷C20混凝土地梁；坝坡采用C20混凝土，其喷射厚度为17cm（不含三角台阶），分2层施工，第一层喷射厚度为12cm，第二层喷射厚度为5cm；混凝土表面设ϕ10@20cm×20cm防裂钢筋网，保护层厚5cm；并在新喷混凝土表面采用彩色混凝土印压模。喷混凝土分缝平行于坝轴线的间距为9.0m、沿坝轴线方向的间距为8.5m，缝宽为2cm。拦河主坝加固平布置示意图如图4.36所示，拦河坝下游坝面处理断面图如图4.37所示。

4.3.1 分块、分仓

主坝加固改造工程非溢流坝段下游坝坡每坝段斜坡面按横缝8.5m分为4个结构块，每个结构块按纵缝9.0m进行分仓，斜坡面最大斜长约为70.0m、最小斜长约为5.0m。根据现场实际布置情况，溢流堰右岸斜坡面为分为18个结构块和92个仓，标记为右1～右18、仓1～仓92。溢流堰左岸斜坡面分为11个结构块和67个仓，标记为左1～左11、仓93～仓160。具体斜坡面结构块、分仓布置如图4.38所示。

4.3.2 喷混凝土及压模施工工艺

（1）施工工艺流程。喷混凝土压模施工工艺流程如图4.39所示。

（2）喷混凝土施工方法。

1）原材料及配合比。非溢流坝段下游坝坡喷混凝土采用C20混凝土，其主要施工原材料有水泥、砂、石子、外加剂、水等。

a. 水泥：采用P.O42.5普通硅酸盐水泥。

b. 砂：采用人工砂。

c. 石子：采用碎石，粒径为5～15mm。

d. 外加剂：TOR103-11速凝剂。

e. 水：采用库内抽取的库水。

喷混凝土配合比详见下表4.16。

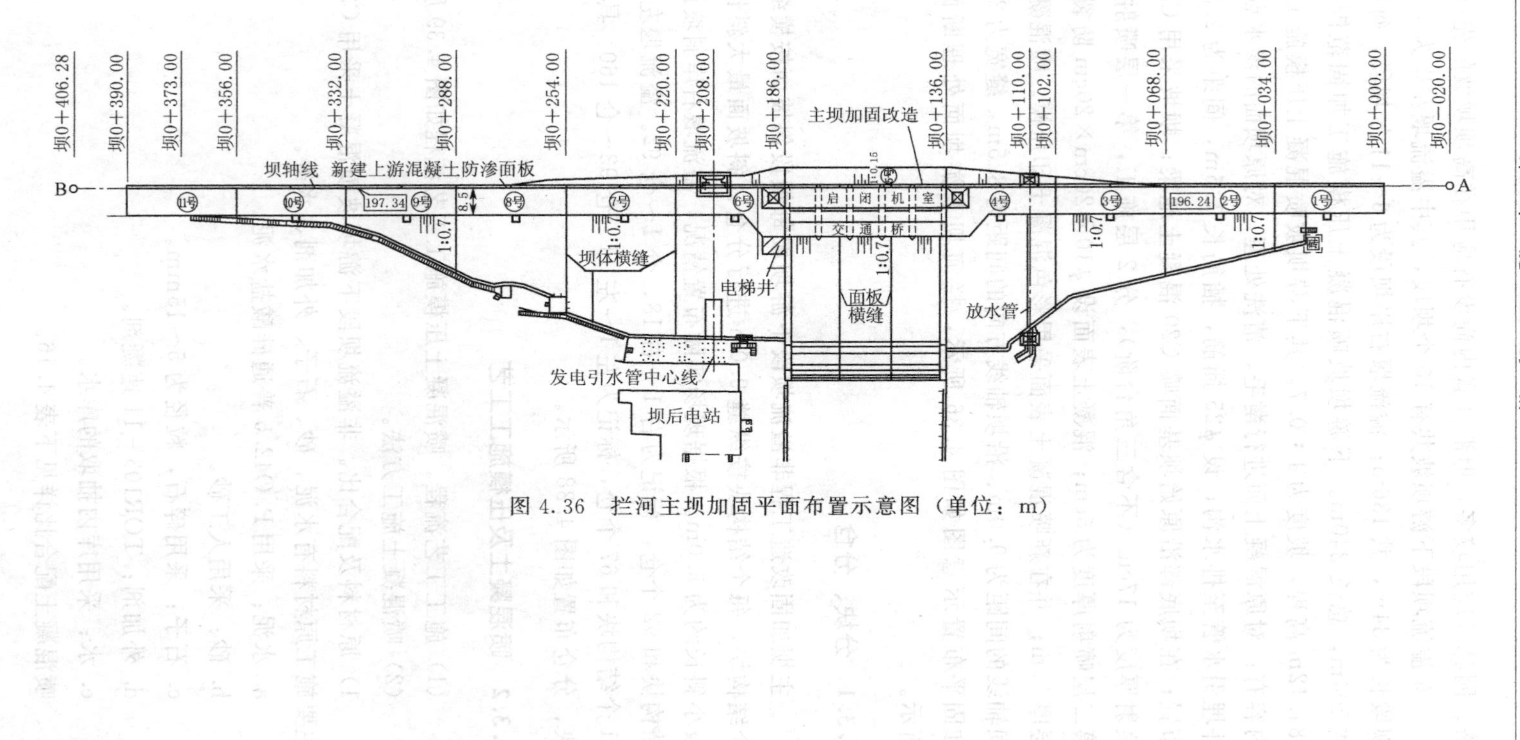

图4.36 拦河主坝加固平面布置示意图（单位：m）

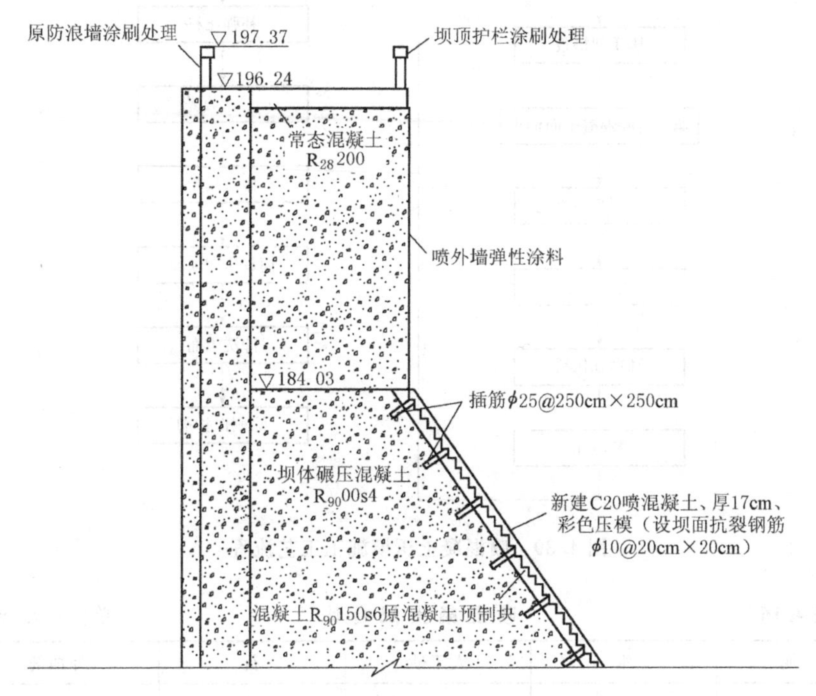

图 4.37　拦河坝下游坝面处理断面图（单位：m）

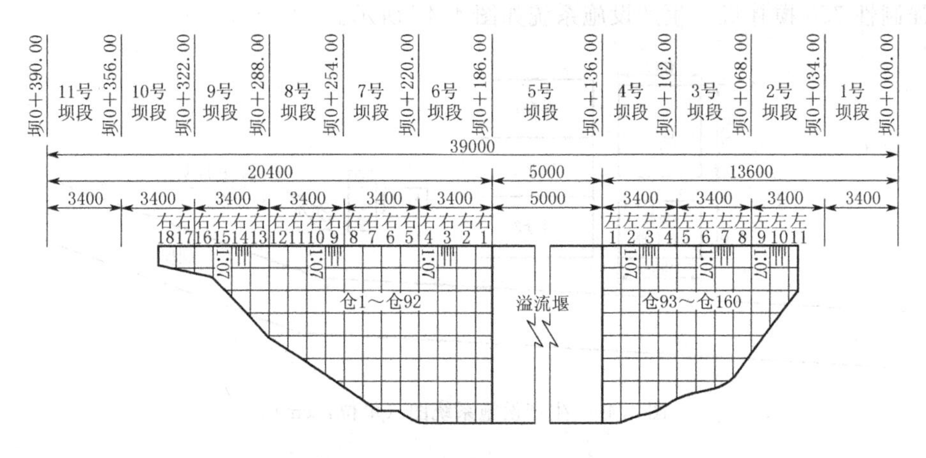

图 4.38　非溢流坝段下游坝坡斜坡面结构块、分仓布置图
（单位：桩号为 m，其余为 cm）

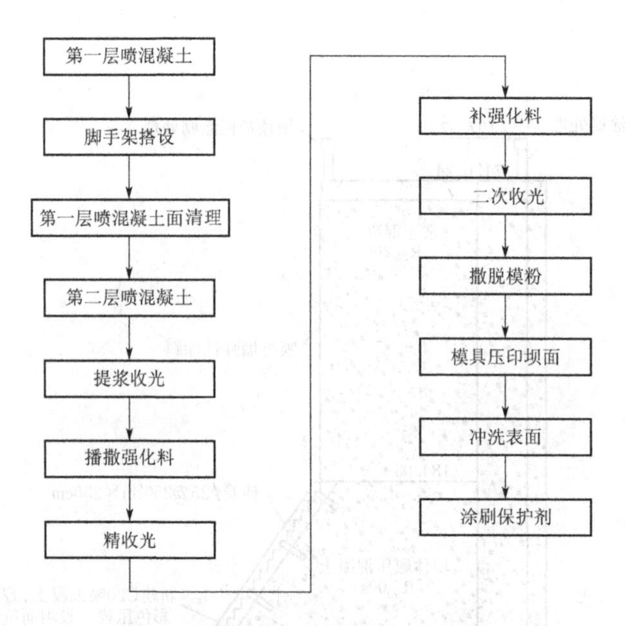

图 4.39 喷混凝土压模施工工艺流程

表 4.16 喷混凝土配合比 单位：kg/m³

水泥	水	人工砂	石	外加剂
400	180	880	870	24

2）混合料拌和。非溢流坝段下游坝坡喷混凝土采用干喷法，混合料拌和采用在主坝右岸和副坝左岸中间处设混凝土拌和站进行拌和，拌和站配备一台强制性 750 搅拌机。生产设施系统如图 4.40 所示。

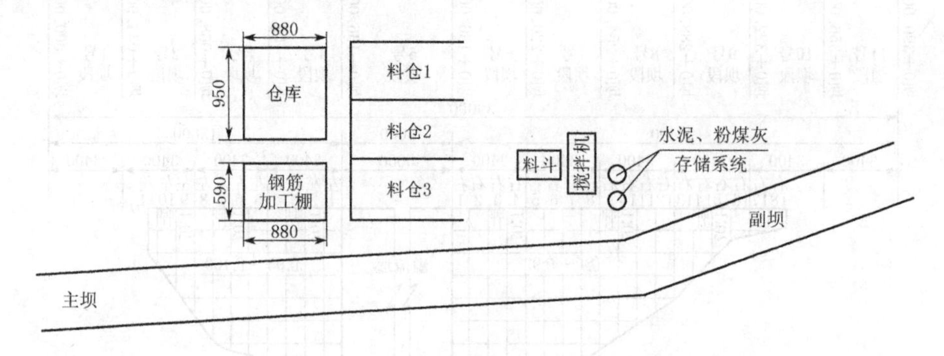

图 4.40 生产设施系统图（单位：cm）

混合料拌和严格按经批准的混凝土施工配合比进行拌和生产，混合料组成材料的配料量均以质量计，计量单位为“kg”，称量的允许偏差见表 4.17。

3）混合料运输。非溢流坝段下游坝坡喷混凝土混合料从混凝土搅拌场至坝顶输送采用机动车输送坝顶，然后用小型装载机把料放在做好的简易喷射机平台上，从简易喷射机平台至浇筑仓面混合料输送采用喷射机。

表 4.17 混凝土组成材料称量的允许偏差

材料名称	允许偏差/%
水泥、速凝剂	±2
砂、石	±3

注 混合料应拌和均匀，其搅拌时间不得小于1min。

4）喷射混凝土施工工艺。喷射混凝土作业前，对施工人员进行安全技术交底；用高压水枪冲洗工作面，对工作面进行清理，确保工作面干净、无杂物；对风水管路和电器设备的检查、对机械设备做试运行；纵横间距每隔1.0～1.5m用钢筋头在喷面设置控制喷层厚度。

工人用推拔把混合料连续均匀地向喷射机内送料，保持喷射机工作风压稳定，如因故中断喷射作业时，需将喷射机和输料管内的积料清除干净。保持喷头具有良好的工作性能，安排主副喷射手各一名，主喷射手负责混凝土喷射，并控制好水灰比，保持喷射混凝土表面平整、湿润光泽，无干斑或滑移流淌现象，喷头与受喷面保持0.6～1.0m喷射距离；副手随时根据主喷手的指挥进行拉管。混凝土喷射按每仓及每结构块依次进行，分两次喷射，第一次喷射每结构块按自下而上喷射，喷射厚度为12cm；第二次喷射每结构块按自上而下喷射，喷射厚度为5cm；由于后一层喷射离前一次喷射完成的时间长，后一层喷射前需用高压水枪冲洗前一次喷层表面后再进行。

(3) 彩色压模施工方法。

1）彩色压模施工使用材料。彩色压模施工使用主要材料有彩色强化料、着色脱模粉、密封保护剂（图4.41），其标准用量见表4.18。

(a) 彩色强化料

(b) 着色脱模粉

(c) 密封保护剂

图 4.41 彩色压模施工材料

表 4.18　　材料使用标准表

材料名称	标准用量/(kg/m²)	备　注
彩色强化料	3	30kg/袋
着色脱模粉	0.15	15kg/包
密封保护剂	0.20	50kg/桶

2）彩色压模施工使用工具。彩色压模施工使用的主要工具有 75cm×75cm 橡胶模具、大抹刀及橡胶锤（图 4.42）。

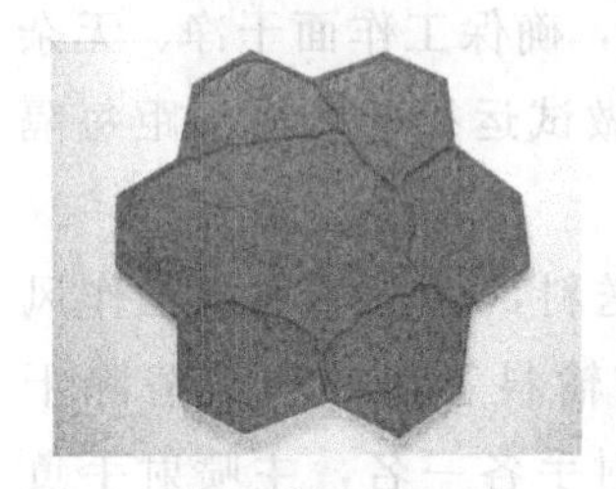
（a）橡胶模具

（b）大抹刀

（c）橡胶锤

图 4.42　彩色压模施工工具

3）彩色压模施工工艺。压模施工主要工艺流程：第二层混凝土喷射完成后提浆收光→播撒强化料→精收光→补强化料→二次收光→撒脱模粉→用模具压印坝面→冲洗艺术表面→涂刷保护剂→完成。

第二层喷射混凝土完成后由泥工采用抹刀对混凝土面进行提浆收光，然后再播撒强化料；第一次播撒彩色强化料按仓面及施工范围数量，先将大约 2/3 用量的彩色强化料人工均匀地撒布在混凝土表面上，当彩色强化料吸收混凝土的水分而均匀变暗后，开始用抹刀进行收光，此阶段不宜搓抹过度，否则可能出现色差或暴露出混凝土本色；第二次播撒剩余的 1/3 材料，第二次播撒主要对彩色强化料覆盖较薄或露出混凝土本色的部位进行补料，此时彩色强化料同样会吸收水分而变暗，待表面强化料均匀湿润后，用抹刀进行二次收光。然后进行撒脱模粉，由于该材料是轻质粉末，在播撒时需避开大风，并顺风方向播撒。最后用模具压印坝面，模具共配套 6 块使用，首先确定好纹理的分布方向，选好第一块模具放置的位置和角度，然后其他的模具依次紧贴第一块模具放置，压模采用人工压模，保证压纹深度一致和模具放置的准确性。压模完成后立即封闭施工现场，避免无关人员误入作业区，破坏新完成的彩色地面，在封闭 3～4d 后用高压水枪对压模面脱模粉进行冲洗，冲洗不必将脱模粉全部冲洗干净，留有 10%左右的脱模粉颜色，坝面会有效果很好的渐变效果。坝面完全干燥后，最后由施工人员使用专用保护剂涂刷坝面。

4.3.3 质量控制

（1）原材料及中间产品检测。原材料及中间产品检测分为施工单位自检、监理平等检测和法人委托的第三方检测，见表4.19。

表4.19　　材料检测试验计划表

序号	材料名称	使用部位	预计用量	文件规定检测频率	本工程采用检测频率	预计自检次数	监理平检次数	第三方检测次数
1	水泥	主坝非溢流坝段下游面	1600t	每批次中200～400t同厂家同品种、同强度等级的水泥为一取样单位，如不足200t也作为一取样单位	400t检测1次	4	1	1
2	黄砂(人工砂)		3520t	按同料源每600～1200t为一批、每月检测1次	每月检测1次	5	1	1
3	碎石		3480t	按同料源、同规格碎石每2000t为一批	每月检测1次	2	1	1
4	钢筋		90t	分批试验，以同一炉（批）号、同一截面尺寸的钢筋为一批，每批重量不大于60t	按规格、批次，且重量不大于60t检测一次	2	1	1
5	低发泡塑料板		440m²	现场按所购材料的批次进行检测	检测一次	1	1	—
6	混凝土试块（抗压）		4000m³	每100m³不小于2组	50m³取样一组	80	9	1

（2）质量标准和检查方法。非溢流坝段下游坝坡锚喷支护混凝土及彩色压模单元工程分为地基管网排水工程管网铺设及保护、喷混凝土和彩色压模3个工序，其对应的质量标准、检验方法见表4.20～表4.22。

表4.20　　地基管网排水工程管网铺设及保护检验项目、质量标准、检验方法

检验项目	质量标准	检验方法	检验数量
排水管网材质、规格	符合设计要求	检查合格证	抽查
排水管网接头连接	连接严密、牢固	现场检查	逐个检查
保护排水管网的材料材质	耐久性、透水性能满足设计要求	检查合格证	抽查

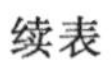

续表

检验项目	质量标准	检验方法	检验数量
管与混凝土面接触	接触严密	现场检查	全面检查
施工记录	齐全、准确、清晰	查看	抽查
排水管网的固定	符合设计要求	现场检查	全面检查
排水系统引出	符合设计要求		
排水管网平面位置	符合设计要求		

表 4.21　　喷锚支护喷混凝土检验项目、质量标准、检验方法

检验项目	质量标准	检验方法	检验数量
喷混凝土性能	符合设计要求	抽检、查看试验资料	每 $100m^3$ 不小于 2 组
喷层均匀性	个别处有夹层、包沙	现场取样	按规范要求抽查
喷层密实性	无滴水、个别点渗水	现场观察	全面检查
喷层厚度	符合设计和规范要求	针探、钻孔	按规范要求抽查
喷混凝土配合比	满足规范要求	查看试验资料	每进场一批原材料检查 1 次、原材料含水量有变化时增加检查一次
受喷面清理	符合设计及规范要求	现场观察	全面检查
喷层表面整体性	个别处有微细裂缝	观察检查	
喷层养护	符合设计及规范要求	观察、查施工记录	
钢筋（丝）网格间距偏差	≤20mm	钢尺量测	按批抽查
钢筋（丝）网安装	符合设计和规范要求	现场检查、钢尺量测	全面检查
施工记录	齐全、准确、清晰	查看	

表 4.22　　喷锚支护彩色压模检验项目、质量标准、检验方法

检验项目	质量标准	检验方法	检验数量
喷混凝土性能	符合设计要求	抽检、查看试验资料	每 $100m^3$ 不小于 2 组
喷层均匀性	个别处有夹层、包沙	现场取样	按规范要求抽查
喷层密实性	无滴水、个别点渗水	现场观察	全面检查
喷层厚度	符合设计和规范要求	针探、钻孔	按规范要求抽查
喷混凝土配合比	满足规范要求	查看试验资料	每进场一批原材料检查 1 次、原材料含水量有变化时增加检查一次

续表

检验项目	质量标准	检验方法	检验数量
受喷面清理	符合设计及规范要求	现场观察	全面检查
喷层表面整体性	个别处有微细裂缝	观察检查	
播撒彩色强化料及脱模粉	颜色均匀、一致	现场观察	
压模	压纹深度一致	现场观察	
涂刷保护剂	涂刷均匀	现场观察	
压模面养护	符合设计及规范要求	观察、查施工记录	
施工记录	齐全、准确、清晰	查看	

第5章 质 检 创 新

工程质量检测是工程建设项目的重要构成部分。通常现场监理工程师负责对建筑物的外观和构造尺寸进行检测，专业检测机构完成对原材料、设备和建筑物的检测。质量检测的结果是判定工程质量的主要依据，对工程质量控制具有重大意义。我国的水利工程质量检测经过一段时间的发展，积累了不少的经验，制定了一系列的规范规程，对保证水利工程建设质量，推进水利事业发展起到了重要的作用。碗窑水库上游防渗面板采用非常规的水下混凝土施工，除了对原材料、混凝土试块的常规检测外，还摸索创造了一些新的检测方法和手段。

5.1 水下混凝土视频检查

设计要求水下混凝土质量控制检查应符合《水工混凝土施工规范》(DL/T 5144—2015）的要求，水下混凝土施工过程中，宜采用水下视频拍摄，对混凝土浇筑过程进行监控，混凝土完成后，须水下取样，重点抽查水下混凝土浇筑的强度、饱和度、平整度等。

5.1.1 水下视频清晰情况的检查

由于潜水设备自带的摄像头像素较少，分辨率不够，无法满足视频质量要求，施工单位专门采购了水下摄影设备用于拍摄水下施工。水下摄影采用的设备如下：

(1) 型号：GoPro - hero5；设备参数：有效像素 1200 万。

(2) 型号：Remax 运动摄像机 4K 防水；设备参数：有效像素 1200 万。

使用上述设备，在水深小于 20m 条件下，水下摄像较清晰，可通过照片和视频对水下混凝土的基础面处理、锚筋支护、钢筋模板、混凝土浇筑等施工过程和施工质量进行评判，评判标准按照参建各方制定的质量检查标准。

5.1.2 水下视频不清晰情况的检查

在碗窑水库水下混凝土施工中发现水深超过 20m 时，水体就出现非常混浊、水下能见度极低等不利情况，即使采用国内最先进的水下拍摄设备，仍会出现视频模糊不清的问题，无法通过视频检查来评判施工质量。这种情况是目

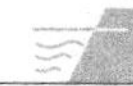

前水下施工碰到的普遍难题，国内外均未找到较好的解决办法。

考虑碗窑水库水下混凝土施工的特殊性和重要性，在水下视频不清晰的情况下，采用以下措施，以加强对水下施工的质量检查。

(1) 加强对水下混凝土的钢筋网制作、锚筋制作、模板止水铜片制作等水上完成项目的自检，检测数量在原标准基础上增加10%。

(2) 增加对水下造孔植筋、钢筋网安装、模板止水铜片安装、锚筋拉拔等水下完成部分的自检，检测数量在原标准基础上增加20%，并且水下部分的检查需要有两名潜水员分别进行初检和复检。

(3) 加强监理平行检测和法人检测。监理平行检测的锚筋拉拔在原来标准基础上增加2组，法人检测的混凝土实体抗压强度检测在原来标准基础上增加1组。

(4) 请第三方潜水员进行水下探摸检查。由项目法人、监理聘请的第三方潜水员按照不少于30%的比例进行水下探摸检查。具体检查内容见表5.1～表5.6。

表5.1　　基础开挖和老坝混凝土表面冲毛工序质量检查

检查项目	质量要求	检查方法	备注
基础开挖、清理	基础开挖至坚硬层面，表面松散层、小块石、淤泥清除干净	潜水员手摸	
老坝混凝土表面冲毛	无乳皮，成毛面，微露粗砂、砾石	潜水员手摸	

表5.2　　混凝土施工缝处理质量检查

检查项目	质量要求	检查方法	备注
缝面冲毛	无浮浆、成毛面、露出骨料	潜水员手摸	
缝面清理	清洁、无积渣、无杂物	潜水员手摸	

表5.3　　造孔植筋工序质量检查

检查项目	质量要求	检查方法	备注
植筋间距	高程133.39m以上≤200cm 高程133.39m以下≤150cm	潜水员携带量测设备(2m、1.5m长的钢筋头)水下量测	
注胶饱满度	洞口溢胶	潜水员手摸	

表 5.4　　钢筋制作及安装工序质量检查

检查项目	质量要求	检查方法	备注
绑扎搭接长度	≥35d	潜水员携带量测设备（56cm 长的钢筋头）水下量测	设计钢筋直径为 16mm
保护层厚度	偏差±2.5cm	潜水员携带量测设备水下量测	

表 5.5　　预埋件（止水、伸缩缝等）制作及安装工序质量检查

检查项目	质量要求	检查方法	备注
伸缩缝缝面	平顺、顺直、割除外露铁件	潜水员手摸	
铜片搭接长度	≥10cm	潜水员携带量测设备（10cm 长的钢筋头）水下量测	

表 5.6　　模板制作及安装施工工序质量检查

检查项目	质量要求	检查方法	备注
结构断面尺寸	±10mm	潜水员携带量测设备（80cm 长的钢筋头）水下量测	面板厚度为 80cm
模板加固情况	安装牢固	潜水员手摸检查锚杆螺帽和焊点	

2018 年 8—11 月期间，由监理和项目法人聘请第三方潜水作业单位（上海昊康水下工程有限公司）共对 9 个单元进行了探摸，结果见表 5.7。

表 5.7　　探 摸 检 查 情 况 表

编　号	桩 号 及 高 程	探摸结果
1	坝 0+136.00～坝 0+153.00，高程 136.00～138.00m	符合要求
2	坝 0+136.00～坝 0+153.00，高程 140.00～142.00m	符合要求
3	坝 0+153.00～坝 0+169.00，高程 125.00～127.00m	符合要求
4	坝 0+153.00～坝 0+169.00，高程 131.00～133.00m	符合要求
5	坝 0+169.00～坝 0+186.00，高程 125.00～127.00m	符合要求
6	坝 0+169.00～坝 0+186.00，高程 129.00～131.00m	符合要求
7	坝 0+186.00～坝 0+200.60，高程 124.50～129.25m	符合要求
8	坝 0+186.00～坝 0+203.00，高程 135.25～137.25m	符合要求
9	坝 0+212.90～坝 0+220.00，高程 129.37～134.25m	符合要求

(5) 对于外观质量的检查，参建各方后来又研究出用清水袋辅助拍摄的方法，并应用到上游面防渗面板结构缝封闭处理施工检查中，见表5.8。

表5.8 上游面防渗面板结构缝封闭处理检验项目、质量标准、检验方法

<table>
<tr><th>检验项目</th><th>质量标准</th><th>检验方法</th><th>检验数量</th></tr>
<tr><td>SR塑性填料嵌缝</td><td>SR鼓包尺寸高≥3cm，宽≥10cm；SR塑性填料与混凝土面黏结紧密</td><td>潜水员水下观察、量测，拍摄录像，水质不清楚时采用清水箱辅助拍摄照片</td><td>每10m检查一个点</td></tr>
<tr><td>SR防渗保护盖片粘贴</td><td>沿缝槽将盖片铺设在SR鼓包上，从鼓包顶部向两边挤压，赶尽水，使之与混凝土面粘贴密实，盖片搭接长度不小于20cm</td><td>潜水员水下观察，拍摄录像，水质不清楚时采用清水箱辅助拍摄照片</td><td>盖片粘贴每10m检查一个点，搭接长度全部检查</td></tr>
<tr><td>预留缝槽、缝槽清理</td><td>尺寸符合设计要求。缝槽及SR盖片边缘采用高压水枪清洗干净、无杂物</td><td>潜水员水下观察，拍摄录像，水质不清楚时采用清水箱辅助拍摄照片</td><td rowspan="4">每10m检查一个点</td></tr>
<tr><td>MB-963底胶和水下密封胶涂刷</td><td>涂刷均匀、无漏涂</td><td rowspan="3">潜水员水下观察，拍摄录像，水质不清楚时采用清水箱辅助拍摄照片</td></tr>
<tr><td>MB-963封边剂封边</td><td>封边密实、粘贴牢固</td></tr>
<tr><td>不锈钢扁钢锚固</td><td>不锈钢扁钢顺直、牢固、无松动膨胀螺栓</td></tr>
</table>

5.2 水下锚筋拉拔力检测

上游面水下混凝土防渗面板安装直径为25mm锚筋，锚筋长为1.2m和1.5m，其中长1.2m的锚筋布置在高程133.39m和158.24m之间，长1.5m的锚筋布置在高程133.39m以下和新鲜基岩；1.2m锚筋插入原坝面深度为40cm，1.5m锚筋插入原坝面深度为100cm；1.2m锚筋间排距为2m，1.5m锚筋间排距为1.5m（基岩处间距为2m）；锚筋呈梅花形布置，设计拉拔力不少于100kN。

锚筋拉拔试验常用设备主要以千斤顶、手动油压泵、油压表、千分表、锤子、垫板为主，这一仪器常见用于锚杆与其基础之间的结合牢固度的测试，无论是在铁路、公路、隧道方面，还是在水利工程、采煤矿井坑道及国防工程，它都是一种简便而又科学的检测仪器。常规穿心千斤顶的油管长度、放水效果以及耐水压等指标均满足不了本项目的检测需求。检测单位对常规穿心千斤顶进行了改良，主要改良措施为：油压管采用外径 2.2cm，内径 1.0cm 的耐高压钢丝油管；单根油管长 6m，接头采用快速接头，接头处利用凸块和卡槽有机结合增设 3 道防水圈；泵体内腔加油口处连接固定有不锈钢副油箱。改良后千斤顶有 5 节油管，每节长 6m，有效地加长了油管，可对水深点进行测试；通过凹槽、凸块、卡块和卡槽的设置，增设 3 道防水圈，增加了装置的密封性，防止水进入油管；通过不锈钢副油箱的设置，避免了泵体供油不足。

采用改良后的千斤顶对上游面水下面板的锚筋进行了拉拔检测，其方法可行，使用方便。监理检测 8 组，平均值为 133kN；法人委托检测 5 组，平均值为 132kN，检测结果符合设计要求。

第6章　结　论

水库是拦洪蓄水和调节水流的水利工程建筑物，在防洪、灌溉、供水、生态改善、养鱼、发电等方面发挥着巨大的作用。水库是江河防洪体系的重要组成部分，也是防御洪涝灾害的重要工程，水库安全直接关系到人民群众生命财产安全。实施水库除险加固工程可以大幅度提高水库安全度，充分发挥水库防御洪水作用；可有效恢复水库综合功能，充分发挥水库综合效益。碗窑水库加固改造工程在面临水库无法放空、碾压混凝土坝体自身的缺陷以及低概算等种种困难挑战的情况下，参建各方齐心协力，大胆尝试，勇于创新，破解了一个又一个难题，顺利推进了工程建设。

通过实践与总结，得出以下结论：

(1) 水下不分散混凝土技术是促进水下施工发展的一项重要技术。水下不分散混凝土具有不分散性以及自流平、自密实的特点，适用于水下施工条件，不仅适合于港口、码头、桥梁基础等要求不高的部位，对于水库面板等防渗要求较高的部位也可使用，且能达到较为满意的效果。

(2) 碾压混凝土灌浆技术是对灌浆技术的补充和完善。碾压混凝土灌浆技术适用于空隙率大的结构体的加固补强，其目的是补充流失的胶质及细粒，增强结构的黏结力和抗滑性能。针对不同的结构体，通过控制其工艺、灌浆参数、性能指标等，可达到安全经济的效果。

(3) 坝坡彩色喷混凝土技术拓展了喷混凝土的应用范围。坝坡彩色喷混凝土技术改变了喷混凝土技术以往只应用在平整场地或相对坡度较缓场地的状况，通过调整其施工工艺、材料配比等，彩色喷混凝土能较好地应用在高坝坝坡、陡峭山坡等不同的环境。

(4) 清水袋技术可解决水质浑浊情况下的施工质量检查问题。水下施工质量的检查往往通过水下视频来检查，但在水质浑浊时无法拍摄清晰视频。清水袋技术可辅助摄像机拍摄出一定范围内的清晰视频，满足水下施工的质量检查控制之需要。

(5) 项目法人在工程建设中的作用至关重要。项目法人在工程建设中居于核心地位，在工程招投标、设计、施工等方面应起到支配和协调作用，对工程有效地控制进度、质量、投资、安全等方面影响巨大。

碗窑水库加固改造工程经过3年的前期准备和3年的艰苦施工，终于顺利完成建设。工程在各个方面做了许多有益的探索和实践，可谓是水利行业的探索者和先行者。相信碗窑水库加固改造工程参建各方所做的努力和创新，工程所积累的经验的技术，必将成为碗窑水库建设史上浓墨重彩的一笔，也必将给水利行业带来一定的启示和贡献。

参 考 文 献

[1] 浙江省水利水电勘测设计院．浙江省江山市碗窑水库加固改造工程初步设计报告[R]. 杭州：浙江省水利水电勘测设计院，2016.

[2] 江山市碗窑水库管理局．江山市碗窑水库加固改造工程上游坝面水下防渗面板施工工艺及质量控制标准 [R]. 江山：江山市碗窑水库管理局，2018.

[3] 浙江省围海建设集团股份有限公司．江山市碗窑水库加固改造工程非溢流坝段下游坝坡喷混凝土压模施工工艺及质量控制标准 [R]. 江山：浙江省围海建设集团股份有限公司，2019.